東京農業人

Tokyo Farmers

Beretta——著

林信帆——譯

人人出版

序言

用太陽、水和土壤，種出某種東西的喜悅。

雖然能充分想像務農有多辛苦，但沒人能夠否定這份工作是令人尊敬且富有魅力的吧。當然務農的辛苦遠超乎想像，但獲得的喜悅肯定也是如此吧。

人類開始農耕是在距今約1萬2000年前，一般認為是從舊石器時代開始。當時是和狩獵、採集、捕魚併行，但隨著農耕技術的進化，只靠農耕就能維持人類的生命，於是人類開始定居，進而創造出文明。

農耕同時也是「文明之母」。

眼下世界人口急遽增加。根據預測，目前的73億人口到2050年會變成93億人，2100年會突破100億人。人口急速增加的過程中，開發中國家和新興國家陷入了慢性糧食不足與營養不良的狀態。但許多的開發中國家和新興國家的糧食自給率卻高於日本。日本的糧食自給率就是如此之低。

在大多數人的印象中，可能會覺得開發中國家和新興國家＝農業國，但實際上完全不是這樣。糧食出口順差國是北美、歐洲大洋洲等地的先進國家。大多數的先進國家農業占國家產業的比率很低，但生產力卻相當高，具有出口糧食的餘力。換句話說，先進國家同時也是農業先進國。

日本的糧食自給率以熱量計算約為40%（2011年），在先進國家中敬陪末座，不過卻有40萬公頃的棄耕農地。只能用悲傷來形容。世界人均穀物收穫面積在過去40年內已經減少了一半，每單位面積的收穫量也開始出現停滯，明明狀況已經這麼糟了……。

本書的主題是「東京農業人」。

希望透過觀察「東京農業人」，能讓讀者進一步思考「日本農業人」。從人口密集的23區、山地地形的奧多摩到亞熱帶氣候的小笠原等，東京的農業相當多采多姿。

本書是東京農業人的故事，將介紹他們如何充分發揮各自所在的環境，全力投入農業生產。

東京在1975年原本有14557公頃的耕作面積，到了2013年已經減少為7400公頃（東京總面積的3.4%，23區還有660公頃的農地）。農業從業人員的數量也減少到接近1975年的三分之一。其中65歲以上的人口超過50%，農家確實步入了高齡化。

即便如此，東京的農業人依舊積極有朝氣，相當具有魅力。

農家活用東京鄰近大量消費地點的優點，作物以蔬菜（小松菜、菠菜、蘿蔔、萵苣、土當歸、甜玉米等）、水果（葡萄、梨子和柿子等）、茶葉（東京狹山茶）、花卉（仙客來、花壇花苗等）、樹木、畜產為中心。為了提高有限農地的生產力，也有不少農家在營運上採用了塑膠布溫室或玻璃溫室等設施園藝。另外，還有許多農家積極進行「讓當地兒童接觸農業」的活動，這也是東京農業人的特徵之一。

農業不僅能穩定供給農作物，還能保護自然環境，並在災害時提供開放空間（這點在住宅密集的東京格外重要）等，功能可說是相當多元。

太陽、水和土壤。
這三者再加上「人」，農業才會誕生。
農業是否有魅力，一切取決於耕作的「人」。
只要農業人積極有朝氣，就會成為具有魅力的場所。
我們要替給予我們莫大勇氣的「東京農業人」加油。

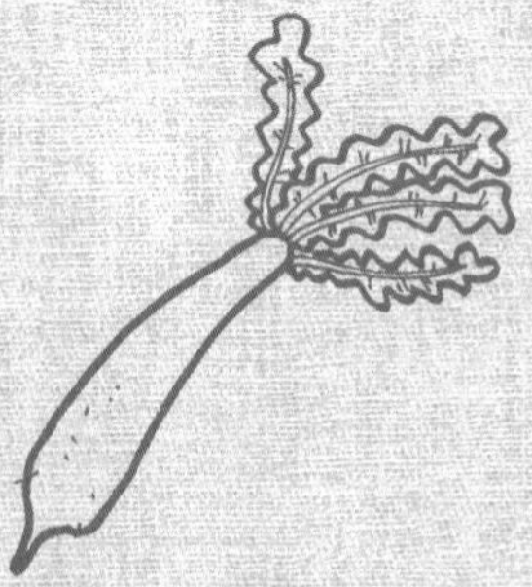

八王子市／養蠶（P172）

立川市／土當歸（P148）

世田谷區／內海果園（P34

小平市／高苣等（P100）

目次

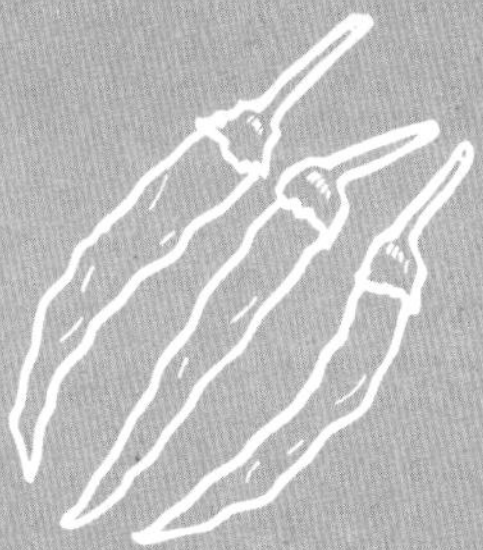

目次

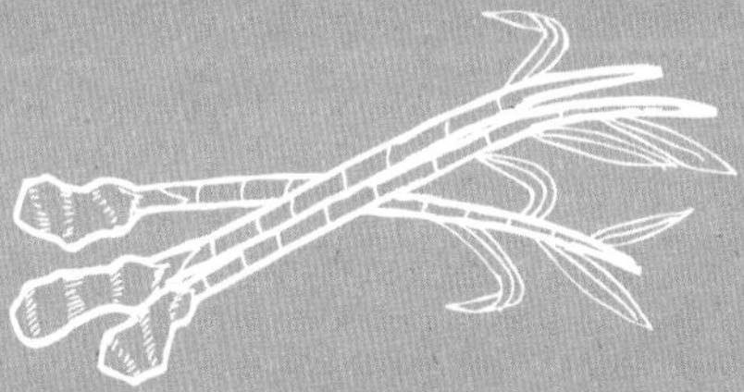

目次

蜜蜂聯繫人們和地區的情誼
金色耀眼的百花蜜

中央區／銀座蜜蜂計畫

把蜂蜜和芥末籽醬拌在一塊，用剛水煮好的高麗菜沾食享用，這道簡單料理能充分享受食材的滋味。但不管怎麼說，蜂蜜還是直接用湯匙挖取食用，才是最奢華的美味吧。

東銀座的紙漿會館。這棟大樓的屋頂上棲息著蜜蜂，俗稱銀座蜜蜂。銀座蜜蜂計畫自2006年開始推動，由志工人員進行採蜜，接續2013年，2014年的收穫量也超過了一噸。

照片・文章：劍持 愛

蜜蜂不僅會採集銀座盛開的花卉，還會飛到皇居和濱離宮採蜜。採集到的蜂蜜會搖身一變，成為只能在銀座街上享用到的飲料、點心、餐廳料理等各種商品。當然也能買到未加工的蜂蜜。這種地產地銷的模式，也替地區活化帶來很大的貢獻。

「真的能將味道每週都會改變的蜂蜜，用在銀座餐廳的料理或點心上嗎？有段時間我內心曾經如此糾葛過。不過用這條街上採集到的蜂蜜，製作這條街獨有的產品對外發聲——正因為有如此強烈的地區牽絆，我們的活動才會得到眾人的支持。」

計畫成員山本先生如此說道。他現在還是會上街走動，調查銀座蜜蜂採集的花蜜，遇見沒看過的花卉就會拍照調查。

不只是採蜜和販售，透過與其他地區團體交流，計畫的活動內容也變得更加多元了。今年9月，結束最後的採蜜而拆除的巢礎框架，被送到北海道的士別進行棕熊的研究和保育活動。「對方秋天會送鮭魚當作回禮。」田中副理事長笑著說，並表示這樣的聯繫對跨地區的環保活動相當重要。

銀座蜜蜂計畫的夢想還沒有結束。「今後我們會持續活動，讓培育至今的地產地銷模式，在未來成為日本食品安全和穩定供給的模範之一」。

具有傳統和歷史的銀座街道上，寄宿著生產者強烈的信念。敬請品嘗銀座生產的百花蜜。

P16上　右起為田中淳夫（58歲）、山本直子（40歲）、福原保（26歲）。

http://www.gin-pachi.jp/
詢問電話　03-3543-8201

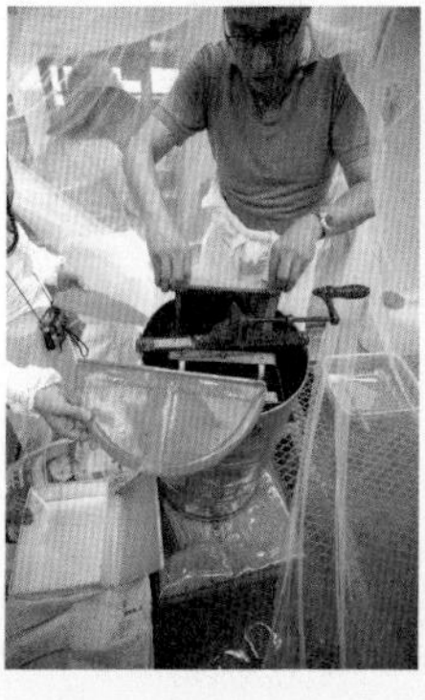

P21　用熱水消毒過的薄抹刀仔細剝離蜜蓋，放入離心分離機採集蜂蜜。

南青山的都會中心
傳遞幸福的空中菜園餐廳

港區／RIVIERA DINING GRAND BLUE AOYAMA

RIVIERA DINING GRAND BLUE AOYAMA位於精華地段南青山，屋頂卻有自家菜園，種植了40種無農藥蔬菜和香草。

負責挑選和推薦符合客戶要求的蔬菜，是初級蔬菜營養師堤香奈子（32歲）的工作。正因為是現採的安心安全食材，才能有自信地向顧客推薦。屋頂自家菜園採收的食材會直接運到廚房，活用現採新鮮的滋味，運用在創意日式料理和義大利料理上。

照片・文章：中野章一郎

RIVIERA
AOYAMA
Japanese

在餐廳入口會看見茂密的綠拱形植栽，療癒造訪餐廳的顧客。負責照顧植栽的是桝室夏樹（31歲）。他也是屋頂自家菜園的負責人。

桝室先生之前是做植木相關工作，因為花匠時代的人脈而到目前的職場任職。剛開始只負責植栽的管理，但餐廳決定打造自家菜園經營新興事業後，桝室先生獲得了提拔。剛開始進行得不是很順利，後來請教農家，同時不斷摸索後，終於完成了自成一派的栽培方式。

菜園栽種的蔬菜種類是與主廚伊藤康裕（41歲）及餐廳職員商量後決定的。因為管理得當和餐廳員工的團結，屋頂的自家菜園才能穩定營運。

伊藤主廚過去曾周遊歐洲學習各國料理，回日本後就任該餐廳的主廚。2013年度甚至還獲外務大臣認定為「優秀公邸主廚」。幼時看見一同登山的哥哥在煮飯，成了他開始烹飪的契機。除了雙親之外還有人會烹飪，這讓年幼的伊藤先生步上了廚師之路。

與自然料理的相遇讓他在製作料理時，多了想提供顧客新鮮、安心和安全食材的想法，所以才創造出現在的模式。

RIVIERA DINING GRAND BLUE AOYAMA不只是餐廳，結婚典禮也會利用屋頂的自家菜園提供服務，是一間會打動顧客味覺和心靈，同時留下深刻記憶的餐廳。

P23 堤 香奈子小姐。
P24、25 收成中的桝室夏樹先生。
P26 主廚伊藤康裕先生。

店名：RIVIERA DINING GRAND BLUE AOYAMA
住址：〒107-0062 東京都港区南青山3-3-3
03-5411-6660
公休日：六日和國定假日
http://www.riviera-ra.jp

復甦於現代的江戶頂級作物
寺島茄子復活計畫

墨田區／寺島茄子

鄰近晴空塔的墨田區東向島，過去被稱為寺島。江戶時代，寺島周邊有來自隅田川上游的肥沃土壤，而且適合拿來栽種茄子。在寺島栽種的茄子不知從何時開始被稱為「寺島茄子」，在江戶的古書中也獲得很高的評價。

但到了大正時代，寺島周邊逐漸變成住宅區，在關東大地震後農地甚至消失殆盡。寺島茄子也成了夢幻茄子。

照片・文章：山田洋輔

寺島茄子消失了很長一段時間，不過從1997年開始，東向島的白鬚神社境內立了寺島茄子的說明版，許多人也開始知道它的存在。

最後在東向島，出現了一群想要讓寺島茄子重生的人。這個挑戰絕對不容易，但在專家和茄子農家的指導下，透過當地居民的努力，「寺島茄子復活計畫」終於逐漸在整個地區擴散開來。

「寺島茄子復活計畫」的目標是復育和生產寺島茄子。在東向島車站下車後，寺島茄子的種植箱和計畫的吉祥物「茄子之介」會在站前迎接來客。東武線的高架橋下、大樓屋頂上和住家陽台等，在令人意想不到的地方都能找到寺島茄子的種植箱。

因為沒有農地才會用種植箱栽培，由地區的有志人士負責照料，到了初夏就會開出可愛的花卉和結果。復甦於現代的寺島茄子正如同在江戶時代受到的讚美一樣，有著和其他茄子不同的滋味。生吃可感受到青蘋果般的水果風味，火烤後則有幽深的甜味。有如雞蛋外形的大小內，凝聚了所有的好滋味。

現在還有持續用寺島茄子開發出新商品。加了甜煮寺島茄子的萩餅或最中餅等點心、寺島茄子製成的焗烤或披薩等義大利料理、寺島茄子和味噌肉燥製成的麵包等，種類相當多元。此外當地的主婦也積極地在研究寺島茄子的家庭食譜。

最終目標是讓帶有這塊土地舊地名的江戶蔬菜「寺島茄子」復活。現在東向島以「寺島茄子的故鄉」為目標，在培育茄子的同時，也加深了熱愛當地的人們之間的聯繫。

P28下　以寺島茄子為主題的吉祥物「寺島茄子之介」。
P33右　「菓子遍路　一哲」用整顆茄子製成甜點。
P33左　「坂本煎餅」的寺島茄子萩餅。

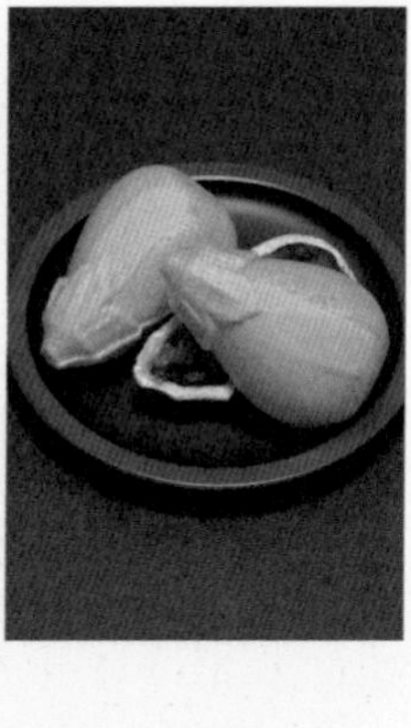

活用東京這塊土地　充滿人際交流的蘋果農園

世田谷區／內海果園

在比千歲船橋車站更鄰近環狀八號線處，有一片蘋果園坐落在公寓圍繞的住宅區角落裡。

蘋果園對面還有一座公園，可悠閒享受摘下的蘋果，如此地理條件也是魅力之一。內海果園從8月中旬到11月底會採收蘋果，平日會有幼稚園或觀光旅遊團，假日則會有攜家帶眷的遊客前來，相當熱鬧。

照片・文章：阿部 望

繼承農業38年的園主內海博之先生（69歲），辭去上班族的工作後，在這片祖先代代經營農業的土地上開始栽種蘋果。原本栽種SANSA、津輕、千秋、陽光、富士等6種，定植後5年開始結果。經過反覆嫁接後，目前栽種的蘋果有12種品種。

內海先生剛開始向專家學習栽種方法並不斷摸索，據說過程相當辛苦。東京相較於蘋果的產地東北地區，溫度差距較少，所以有蘋果顏色比較淡的缺點，但內海先生對味道很有自信。

收穫的蘋果會直接提供給直銷所、小學、餐廳、咖啡店等地。

此外這裡也是觀光農園，遊客可到這裡來採果。受到世田谷區都市農業課的委託，內海果園參加了「交流農園」計畫，舉辦蘋果採收體驗活動，計畫目的是為了讓大家認識世田谷區內的農產品。現代的小孩很少到戶外玩，吃蔬菜或水果的機會也比較少，內海先生會協助是希望透過這項計畫，讓孩童能實際接觸土壤或樹木，體驗自己收穫和享用的喜悅。

除了經營蘋果園，內海先生還在名為世田谷農業塾的補習班，教導農業的樂趣和栽種方法與技巧。課程為1期3年，現在的學生是8期生。內海先生希望能幫助今後會從事農業的人。

最後問內海先生在栽種蘋果時會注意什麼，他滿腔熱情地回答說：「就跟養育小孩一樣，只要盡心盡力去栽培，蔬菜和水果也會確實回應你」。

P34　右：川田良太郎先生。左：內海博之先生。
P36、37　最受歡迎的蘋果「富士」。由「國光」和「五爪蘋果」配種而成。
P38　熟成後會帶黃色的「信濃金」。
P39右　內部甜美多汁，甜度很高的「新世界」。
P39左　提供給咖啡店的蘋果派

尚存於東京23區內知名品牌「有難豚」養豬場

世田谷區／吉實園

吉實園是從江戶時代持續至今的農家，約6000坪的用地內有養雞場和菜田等，養雞場裡放養了660隻雞。而23區內唯一的養豬場，就在吉實園內。

此外，也少不了利用豬舍和雞舍來製作肥料。用機械絞碎樹枝和葉子，暫時放置使其發酵後，再加入米糠並放入豬舍，做成混有豬糞的肥料。接著放入雞舍混入雞糞，就成了高品質的肥料。

照片・文章：關谷三幸

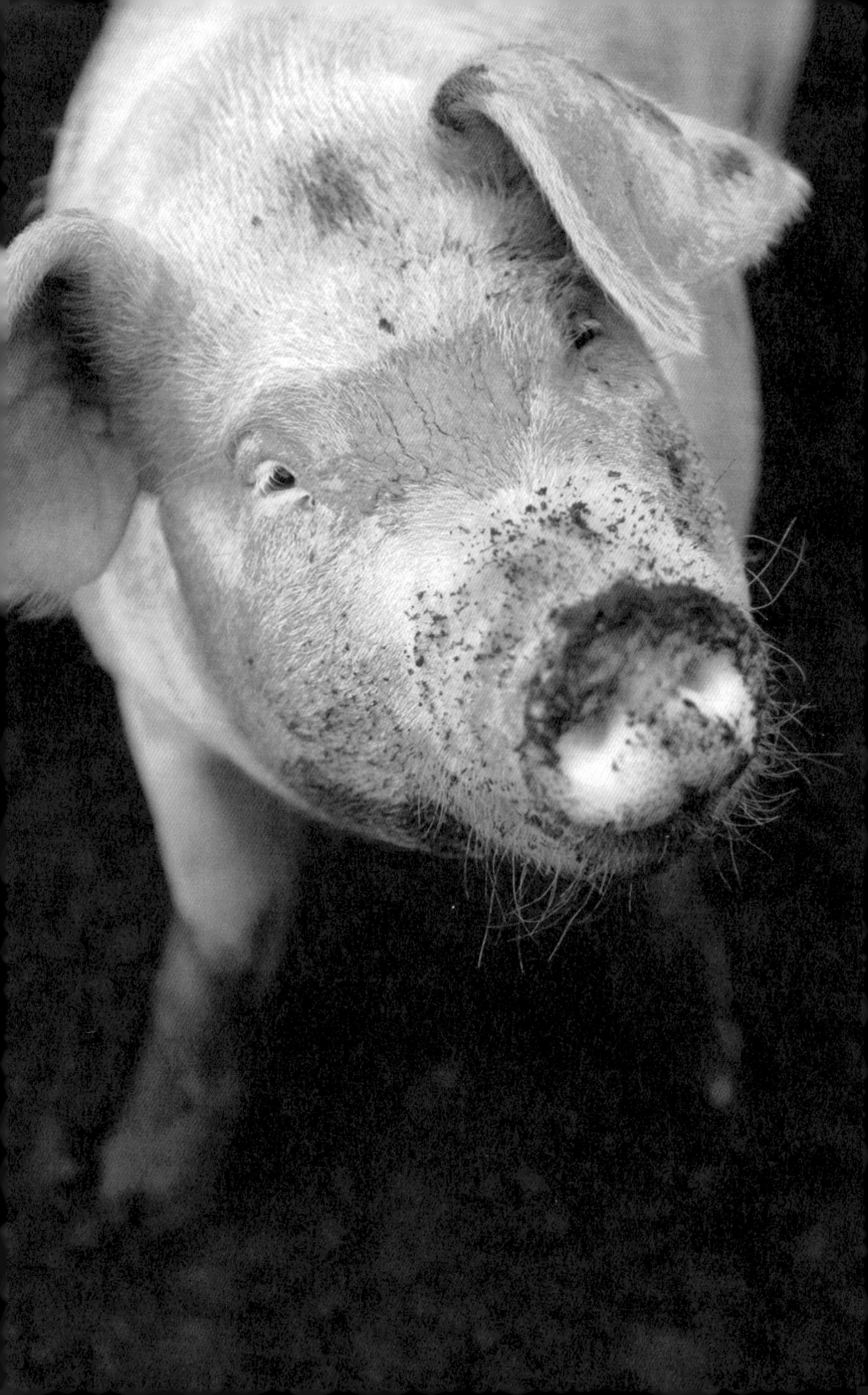

吉實園原本經營造園業，創業於90年前。現在的負責人吉岡幸彥（68歲）是第13代。而開始養豬的契機，是為了解決本業造園業在照顧花木時產生的大量垃圾。

原本是飼養品牌豬「東京X」，但311大地震後為了援助災區，轉而飼養宮城縣品牌「有難豚」。

有難豚的飼育期間短，出生後3〜4個月的小豬，再養育3〜4個月就會變成成豬。等待出貨的豬隻會在寬敞的養豬場內，充滿朝氣地到處奔跑或洗泥巴澡。每到餵食時間，豬隻會靠過來津津有味地享用飼料。

吉岡先生說這裡出貨的「有難豚」，餵的是以前給東京X吃的飼料，所以品質比其他地方的「有難豚」更好。

「有難豚」是在宮城縣藏王町飼養和販售的品牌豬，利用竹炭飼育，而且非常講究血統。位於宮城縣名取市的養豬場在311大地震後毀壞，目前依舊無法飼養和販售豬隻。

包含吉岡先生的養豬場在內，東京都內也有幾間餐廳改用「有難豚」，援助災區復興的熱情正在擴散。

養雞是從20年前開始，也會直接販售雞蛋。到了早上的餵食時間，打開養雞場的門雞隻就會一湧而出。

烏骨雞每週只下一兩顆蛋，價格也很昂貴。但吉實園的烏骨雞蛋，蛋黃富有彈力可用筷子夾取。據說日本藝人加山雄三也曾在這裡吃過玉子燒。

P41　圓滾滾等待出貨的有難豚。
P42、43　以吉岡先生（右二）為中心的飼養員工。
P45右　餵食豬隻點心，充滿愛的吉岡先生。
P45左　確保飼料和養東京X時一樣，不只有玉米，營養滿分。

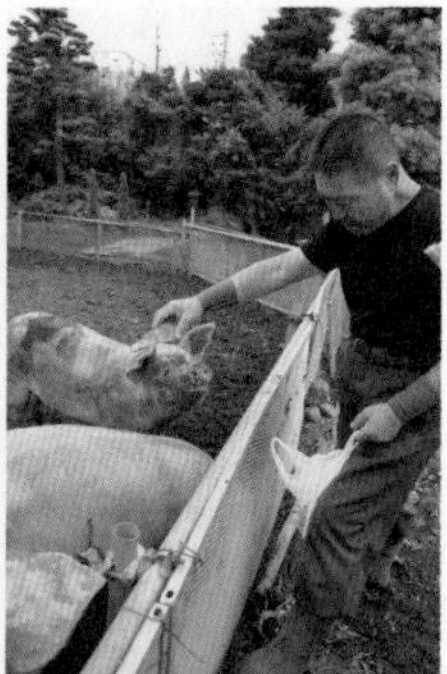

著迷園藝60餘年 花木回應愛情逐漸成長

杉並區／野田園藝

從車來車往的青梅街道進入寧靜的住宅區後，有好幾處塑膠溫室，為園藝農家野田卯一郎先生所有，主要栽培聖誕玫瑰。他是農家第14代，現年82歲，已經將所有經營事務交棒給兒子野田一郎（55歲）。

卯一郎先生剛開始是栽種菊花，甚至挑戰過種植山茶花，但因為生病和害蟲而放棄。後來注意到當時日本還沒有的聖誕玫瑰，從英國進口開始栽培。卯一郎先生說：「當時是連文獻都沒有的未知領域，靠自己一邊摸索一邊栽培實在很有趣」。

照片・文章：高橋利昌

卯一郎先生年輕時到千葉大學園藝系的農場參觀後，對內部美麗的景色和作物的栽種成果深深著迷，所以不顧祖父的反對入學就讀，父親也說不會資助學費。

於是，卯一郎先生開始在老家田地的角落栽種菊花販售以賺取學費。他在反覆摸索的同時了解到種植的喜悅，因而逐漸愛上栽培花卉。據說這個經驗，就是他開始當園藝農家的契機。

當時沒有參考書，也沒有其他人在做，只能靠自己重複經歷成功和失敗來學習。連續失敗之後，順利成功時的喜悅也會變得更巨大。

植物和動物都有生命，所以卯一郎先生在栽培時，會重視自然應有的姿態和作用。

每天觀察給予關愛，植物也會有回應並成長茁壯。現在他依舊每天在摸索新的栽培方法。

感受栽種花卉的魅力並且總是想種出更好的作物——據說這樣的想法是工作長久持續的秘訣。

聖誕玫瑰等作物，主要會批發到大型量販店、種苗公司和園藝市場等地，卯一郎先生也很重視和同業的交流，彼此交換資訊。

他也跨足海外，積極為園藝發展帶來貢獻，因此成為後進追尋的指標。

而現在卯一郎先生在守護上一代傳下來的柿子樹，為了改良出更好的品種，他反覆嘗試嫁接，同時享受著人生。他對園藝的愛，現在還看不到極限。

P46上　正在移植彼岸花的野田園藝社長：野田一郎先生。
P47　聖誕玫瑰（鑲邊聖誕玫瑰）。
P50　野田卯一郎先生。
P51右　聖誕玫瑰（黃金蜜腺）。
P51左　初秋花卉鼠尾草很受歡迎。
http://www.nodaengei.com/index1.html

Greeting Greens計畫

交織自然與人的交流田地

豐島區／藝術家和孩童們

「看到越來越多的人在此邂逅，我覺得很高興」。

這句話出自「藝術家和孩童們」的五十嵐洋子小姐（44歲）。「藝術家和孩童們」是創立於1999年的NPO法人，專門提供讓現代藝術家和孩童邂逅的「場所」。他們利用豐島區西巢鴨已停辦的國中校舍，成立據點「西巢鴨創造舍」進行各種活動。「Greeting Greens計畫」始於2005年，以「Green（植物）+「藝術」為主題，現在以五十嵐小姐為中心持續進行中。

照片・文章：澤口 健

9月7日
ピザづくり

Greeting Greens計畫是全年舉行的參加型種田計畫，特徵是由參加者主導活動進行，藝術家、專家和志工則從旁協助。「我一直想讓孩子在住家附近體驗自然。」某參加者說。雖然到鄉下也能參加為期一天的自然或農業體驗，但在住家附近整年栽種作物的經驗，會讓人醒覺到更多的東西吧。

五十嵐小姐在進行活動時，很重視幾件事。第一是「過程」。正因為重視過程，才會把過去以「綠窗簾」為主題的一次性藝術工作坊，變更為一整年的參加型計畫，然後從開墾操場的土壤做起。開墾很辛苦，但聽說大家都樂在其中。除了栽種的品種，田地的景觀或活動等也是由參加者來決定。所以田地才會有講究的長椅和紅磚造的走道，還手工打造了大眾風格的移動式直銷所。因為想用剛採收的蔬菜做披薩，所以田地內也蓋了一座石窯。大家可以享受各種和田地有關的「過程」，自由發揮創意。

五十嵐小姐重視的另一件事是「交流」。「這裡的交流也會聯繫到外部去。」五十嵐小姐開心地說。其實在幾年後鄰近的國中要改建，所以「西巢鴨創造舍」將會變成該國中的臨時校舍，田地該怎麼辦還未定。

有些參加者覺得就算改變場所或形式，也想繼續推動Greeting Greens計畫。那裡確實孕育出了鄉下體驗沒有的東西——透過創造田地加深地區交流。這也是東京農業的一種形式。

P52　葡萄棚架下的五十嵐小姐。
P53　8月的烈日下，葉子已枯萎卻長得很好的番茄。讓人感受到自然的力量。
P56　放上現採食材，用田地的石窯烤的披薩。餅皮也是參加者揉捏桿製的。
P57左　設置在直銷所旁的撈番茄，很受孩童歡迎。

茄子的原汁甜味是特徵
東京江戶蔬菜雜司谷茄子

練馬區／加藤農園

從大泉學園站徒步15分鐘，在一片綠色田地和住宅區交錯之中，加藤農園就在那裡。

代代經營農業的加藤和雄先生（68歲）是第六代負責人。妻子喜代子小姐和次子夫婦也在農園幫忙。依季節和天候而異，通常會從清晨4點開始工作，隔一個午休後再工作到傍晚6點。

農園剛開始是種植高麗菜，但最近整年下來已栽種約40種蔬菜。此外，農田不是集中在一處，而是分成好幾塊田地栽種，這可說是東京獨有的樣式吧。

照片・文章：阿部 望

Stella

雜司谷茄子為東京江戶蔬菜，江戶時代栽種於雜司谷村，因而得名。雜司谷村相當於現在的豐島區雜司谷，當時這個村莊種植的山茄子品質很好，所以才會被稱為雜司谷茄子。

不同於日本人平常吃的千兩茄子，他的蒂是綠色的且皮厚，斷面帶有一點黃色。果肉紮實多汁且相當甜是其特徵。用炒的當然好吃，但加藤先生說最美味的吃法是用烤的。收穫時期是6月到10月底，時間相當長。

加藤農園參加ＪＡ東京青葉推動的江戶．東京蔬菜復活計畫，從筑波研究所得到了雜司谷茄子的種子開始栽種。養育的幼苗已有１５０株，現在是加藤農園中占比最大的作物。相較於千兩茄子，雜司谷茄子的顏色容易變淡且形狀很難均一，所以要大量採收很不容易，但加藤先生說這也是傳統蔬菜的特徵。

茄子主要的銷售地點是直銷所、中學的營養午餐、旅館和餐廳等地。除了加藤先生自家經營的直銷所外，也有提供給附近的直銷所「木暮村」。店內有許多常客，所以上午就會全數售罄。

加藤先生致力於減少農藥和化學肥料，希望讓顧客吃到現採的新鮮蔬菜。加藤先生說看見顧客喜悅地說：「好吃！」的樣子，就會覺得沒有白費苦心。

笑容燦爛的加藤先生與直率開朗的妻子。一起來品嘗兩人下工夫栽培的雜司谷茄子吧。

P62　現採的雜司谷茄子。
P63右　工作中的加藤賢伉儷。

繼承夢幻的東京品牌柿子的柿子園

練馬區／莊埜園

入口處有如咖啡廳般別緻的看板上，寫滿了蔬菜的名字。與其說這裡是直銷所，不如說氣氛像百貨公司地下街的超市。這裡是果園，但在柿子的收穫季節也會直銷蔬菜。據說附近的主婦或老人家會接連前來光顧。

「當時我並不排斥這個職業，反而覺得坐在辦公室的工作不適合我」。第4代農園主人莊埜晃一先生（39歲）在婚後轉換跑道，從上班族變成了農夫，跟第3代主人銀一先生（68歲）一起經營妻子娘家的柿子園。他同時也是兩個年幼孩子的父親。

照片・文章：大野雅弘

銀一先生說上一代會在這塊土地種柿子，可能是苦於1955年的高麗菜連作障礙和農業人力精簡的緣故。

過去有幾間農家也嘗試種柿子，但栽種柿子無法立刻有收益，幾乎所有農家都覺得風險太大而早早放棄。但上一代卻不懈努力，終於做到每年都有柿子可以採收。

「當時整個地區主要是栽種蔬菜，所以還有人覺得上一代是不是頭殼壞去。」銀一先生說。

現在這一帶的柿農只剩下莊埜園了。「不好好照顧是種不出好柿子的」。

收成結束後，他們在寒冷的北風中進行整枝作業。葉子成長開始出現花蕾後要摘蕾，開花後要摘花，並去除今年不會結果的部分。

「幾乎所有作業外人都看不到，所以旁人以為我們閒閒沒事做。」銀一先生笑著說。

莊埜園除了種植常見品種「次郎」和「富有」外，還栽種東京品牌品種「東京御所」和「東京紅」。農園的柿子幾乎沒在市面上流通，因此沒沒無聞，但甜美多汁的果實帶來了許多回頭客。

「我在網路的資訊網站刊登採柿子的訊息後，多了不少遠道而來的顧客。」晃一先生確實感受到網路的吸客效力。想經營樹齡接近60年的柿子農園，並傳承東京的農業，或許新時代的創意與周圍環境的推波助瀾是必要的吧。

P64下　右起莊埜晃一先生、莊埜銀一先生、小川和德先生。
P69左　品種「東京御所」。

住址：
東京都練馬区大泉町1-44-10
03-3923-7700

從生產轉為創造附加價值
地方社區的農業

練馬區／龜戶蘿蔔

龜戶蘿蔔是江東區龜戶生產的江戶蔬菜，有30公分長的小根和雪白的地下莖，而且辣度適中，過去很受江戶市民的喜愛。

龜戶以前適合種植蘿蔔，但因為土地改革的緣故，農地從練馬區遷移到葛飾區，龜戶蘿蔔也成了「夢幻蘿蔔」，現在市面上幾乎沒流通，只能在少數的料亭和餐廳品嘗到。

江戶蔬菜是有個性的蔬菜，為了維持其生產，把江戶蔬菜當作品牌經營的趨勢越來越旺。練馬區的渡戶秀行先生（48歲）也是開始投入生產龜戶蘿蔔的農家之一。

照片・文章：麻良智史

渡戶先生開始從事農業的契機是1992年的農地改革，他被迫在留下農地或改成住宅區之間作選擇。最後他決定接下祖先傳承下來的寶貴農地，離開當時工作的JA，繼承家業轉職為農家。

渡戶先生經營的「渡戶農場」在練馬區的住宅地，中間隔著道路，四周則被住宅圍繞。以前為了灑農藥和保管堆肥而傷透腦筋，但現在隨著農業技術和器材的進步，也就不用那麼辛苦了。

渡戶先生活用地理條件，在田地旁經營直銷所。現採又可口的風評在附近廣為流傳，因此吸引許多人上門光顧。據說還有人會先來直銷所買新鮮蔬菜，不夠的再到附近的超市購買。換句話說，農園成了附近民眾可輕鬆造訪的社區空間。

為了維持農業，渡戶先生正在嘗試種植各種蔬菜，包含練馬蘿蔔、龜戶蘿蔔、馬込三寸胡蘿蔔、寺島茄子、品川蕪菁等江戶蔬菜。「只要養好土，種植龜戶蘿蔔就不是難事。」渡戶先生說。不懈地研究和努力，使江戶蔬菜的供給穩定化。

渡戶先生想要透過農業，傳達吃與食用有生命之物的重要性，所以才會以食育的方式讓小學生體驗收成。他同時還到國高中擔任講師，一年進行24次的農業指導。此外在練馬區的主辦下，還會舉行練馬蘿蔔的收成體驗。不僅是生產，而是化身為地方社區的工具讓農業活起來，更使生產蔬菜昇華為創造附加價值。

渡戶先生期待能透過自身努力，提高東京都民對地區農業的關心，讓東京農業有更進一步的發展。

P70上　留在龜戶的蘿蔔之碑。
P70下　龜戶蘿蔔的雪白地下莖。
P71　蘿蔔田和生產者渡戶先生。
P72、73　四面被住宅圍繞的蘿蔔田。
P74　現採的雪白龜戶蘿蔔。
P75右　蘿蔔收成體驗的狀況。
P75左　烹調夢幻的龜戶蘿蔔。

葡萄栽種的先驅
樹齡30年的東京品種

練馬區／武藏野葡萄園

烈日的群蟬齊鳴中，走入葡萄園會看見陽光穿過樹梢，灑落在地面的夢幻場景。不彎腰頭可能會穿出的半高藤棚架上，包裹著純白紙袋的黑色葡萄串垂彎了樹枝。樹枝從直徑可能有40公分的雪白樹幹水平延伸，覆蓋了天空，上頭還長出整齊的綠葉。綠葉之間滲入的夏季陽光，零星灑落在漆黑的土壤上。

直銷所的桌上，擺滿了黑亮的「巨峰」、「藤稔」及粉紅色的「紅富士」。

照片・文章：大野雅弘

「如果你們是真的要在練馬種葡萄，那我就教你們吧。」東京都農業考場的老師在30年前的一席話，打動了幾名農家的心，於是他們勇敢挑戰了東京的葡萄品種「高尾」。在練馬區西大泉經營葡萄園的相原彌平先生（87歲）也是其中一人，他有如這個地區栽種葡萄的先驅。

搭建藤棚架會需要一筆不小的費用。相原先生在期待和不安中開始栽種葡萄，不過現在的收穫量每年都在增加。

「收成了沒地方賣也沒用。」彌平先生回憶說，「我和當地的蔬果店交涉，請他們讓我放在店裡販賣」。

他經過各式各樣的嘗試，才建立起目前直銷所的銷售通路。

「消費者只會買外形好的商品。他們不會在乎當中花費了多少工夫。」彌平先生說。葡萄的栽種相當費工夫。赤黴素處理（人工讓葡萄結果）後，會開大約３００朵花。接著為了整理成形狀好看的葡萄串，會進行疏花作業將葡萄數量減少至70～90粒。經過一連串令人暈頭轉向的程序後，才能長出果實緊密又美麗的葡萄串。

彌平先生說這幾年東京的自然環境很難栽種葡萄。

「要栽種植物，自然環境相當重要」。

他說東京到了晚上市區依舊燈火通明，所以植物無法入眠。

「晚上讓植物睡覺，白天確實地給予水分，這樣對作物才是最好的」。吃好睡好就會長得好，這點人類和植物都一樣。

常客和兜風途中碰巧經過的客人，讓夏季限定的直銷所人聲鼎沸。而在店內接待的彌平先生依舊健談又有朝氣。

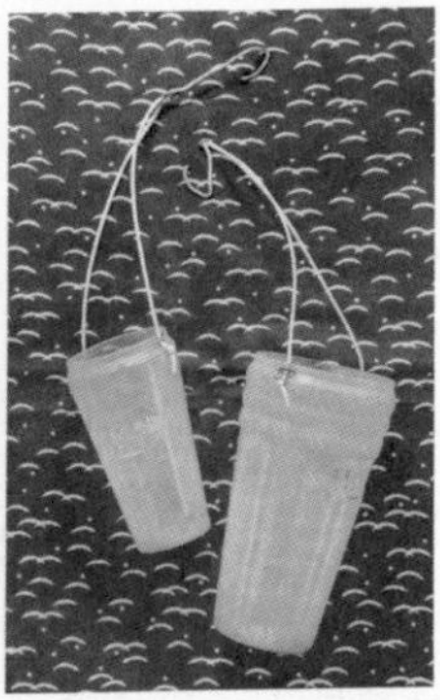

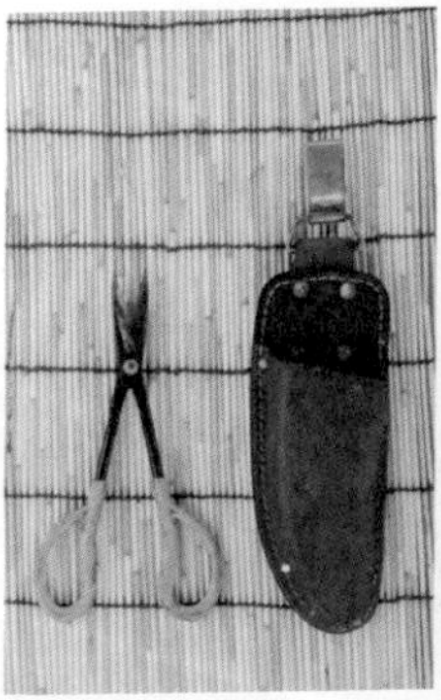

P80　上方是「藤稔」，下方是「紅富士」。
P81右　赤黴素處理用的杯子。

手工細心栽培 正是小松菜農業人

江戶川區／小松菜

「我當時可是毫不猶豫呢。」在江戶川區經營小松菜農業的倉橋伴宏先生（51歲），用沉穩的語氣闡述繼承家業時的心情。小松菜發源於江戶川區，現在也成了該區的特產。河川圍繞的江戶川區，有許多以「親近水源」為目的設置的親水公園。在面向某親水公園小河的農地，倉橋先生和妻子真由美（51歲）兩人一起栽種小松菜。據說這塊土地過去被許多水田和旱田圍繞，現在大多成了住宅區。

照片・文章：澤口 健

伴宏先生的家族代代以務農為生。據說以前曾種過各種蔬菜，直到祖父那一代才專注於種植小松菜。

伴宏先生從學校畢業後並沒有馬上繼承家業，而是先到運輸公司工作。周邊的農家也有很多人是先到外面工作，之後才回來繼承家業。

祖父過世後，伴宏先生決定離職接手農業。「因為我要守護祖先的土地。」這是他繼承家業的理由。「感覺也只有這一條路，畢竟父親也上年紀了。」他述說著當時的心境。

約15年前，伴宏先生的父親引退後，他和妻子真由美兩人接手栽種小松菜，也把兩個女兒養育得亭亭玉立。

小松菜最可口的季節是冬季，不過整年都可以栽種和收成。正因為是特產，而且氣候適合栽種，又能有效運用狹小的農地，所以適合在東京種植。但因為小松菜屬葉菜類所以「很脆弱」，有許多地方需要手工處理。

收穫時也一樣，必須用手小心摘取並去掉根部，還得注意不要傷到菜葉。接著放上磅秤，讓每捆重量一致後，再一捆捆地綁上帶子。菜上的泥土也是靠人工清理，只有在播種的時候才會用到機器。小松菜也很怕菜蟲，但以溫室栽培後蟲害稍微減少了。

「小松菜的澀味少，很容易調理喔。」真由美女士隨和地說。向她請教推薦的料理，得到的回答是雜燴粥。東京風的雜燴粥常會用到小松菜，倉橋家除了過年之外也很常吃。口感爽脆的小松菜，讓人欲罷不能。

P82上　帶子上的江戶川農業應援團長「江戶醬」，是江戶川產的證明。

P83　倉橋伴宏先生和妻子真由美。

P87右　採收以全手工進行。磅秤是不可或缺的夥伴。

P87左　參考真由美女士的食譜製成的小松菜雜燴粥。

傳承10代的農家 持續守護江戶傳統

江戶川區／小松菜

小松菜是改良自蕪菁的十字花科蔬菜。因為江戶時代初期，在江戶川區小松川附近開始栽培而得名。過去大多是在首都圈栽種，現在也有許多人在西日本的大都市近郊等地種植。

小松菜的特徵是栽種相對容易又能連作，一年可收成5、6次。雖然整年都能收成，不過因為容易受蟲害，所以秋～冬季是比較好栽種的季節。小松菜尤其耐寒，寒冷會增加其甜味，因此冬天是最好吃的季節。

照片・文章：西谷剛生

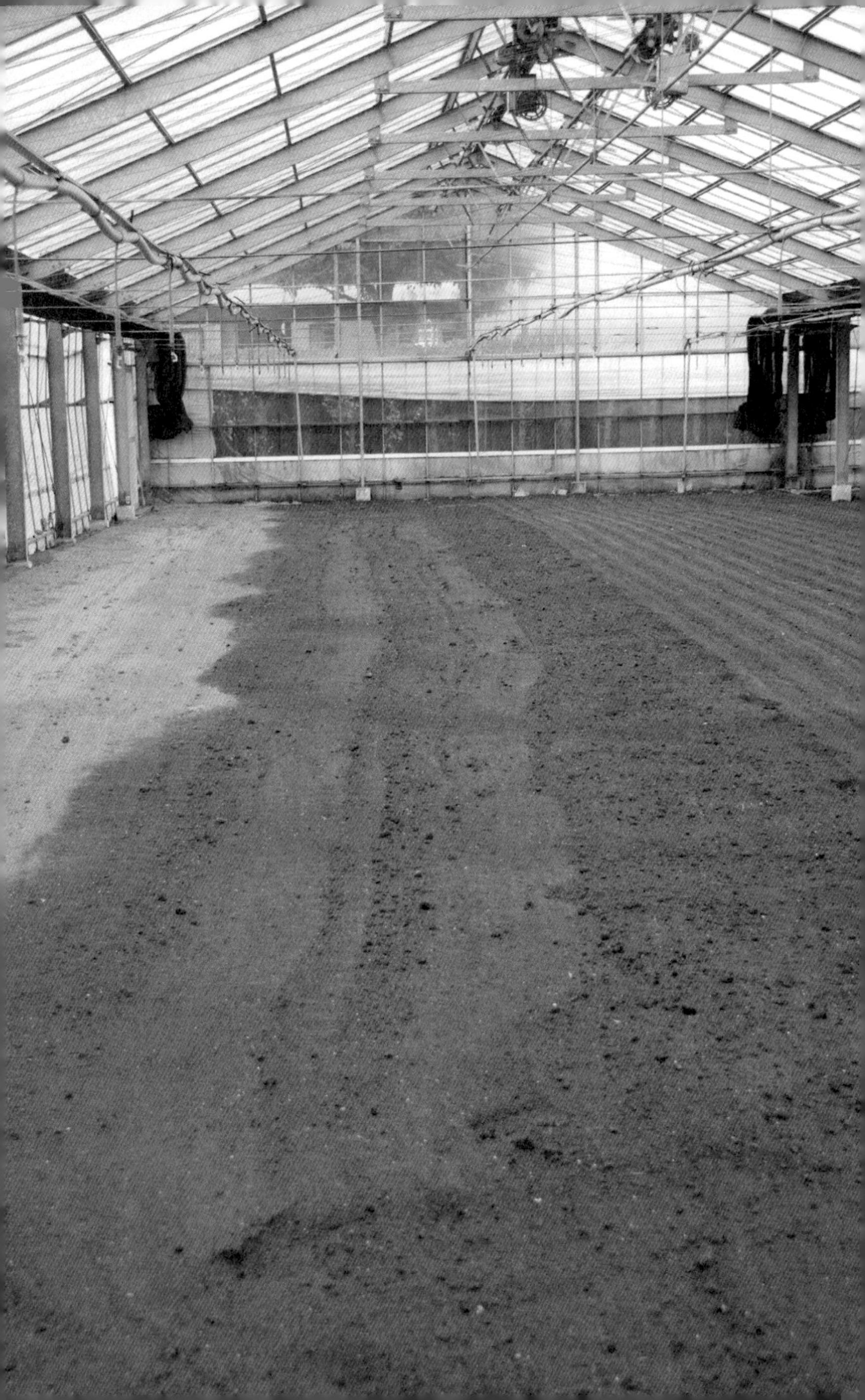

江戸川は花と野菜のゆめ産地
本場
江戸川野菜

在江戶川區松本經營小松菜農家的真利子伊知郎先生（55歲），原本是法政大學的職員，但因為經營農家的父親過世，才決定繼承衣缽開始務農。

真利子先生的農園始於江戶時代中期，至今已經傳承10代。選種小松菜是因為他是江戶川的特產，不僅收成週期短，又能活用狹小的耕地面積。

真利子先生一天的行程是6點半起床，8點半到12點綁菜，中午休息一個小時後，13點到16點繼續綁菜。綁完菜後會回家清洗小松菜的根部，然後進行裝箱。吃完晚餐後出貨到市場，最後在21點結束一天的工作。

出貨的小松菜會經由果菜市場、中盤商、零售商（蔬果店）到消費者手中。

農園的堅持是盡可能避免用除草劑或殺蟲劑，為了讓根生長也不太澆水。

說到工作的艱苦之處，則是要處理地球暖化引起的自然災害相當困難。特別是盛夏時期，營收會大幅下跌。

在東京務農的優點在於離消費者非常近，而且在災害時可提供農地當作避難場所。缺點則是房屋稅很重。

真利子先生給對農業有興趣的人這樣的建議：「要務農必須要有生產基盤。想務農是好事，但條件會依地區而異，所以最好是『先找到』符合條件的生產基礎再進行」。

為了回報顧客口中「好吃」的評語，真利子先生今天依舊勤奮務農。

P93左　小松菜的澀味少容易調理，跟各種調味料也很搭，用途十分多元。最推薦的是將食材美味發揮到極致的燙青菜。小松菜容易腐壞，買回家必須在2、3天內使用完畢。若超過3日，則需做好用濕報紙包裹等保濕處理。

睽違300年再興 染紅新宿的辣椒

三鷹市／內藤辣椒

富澤剛先生（41歲）在三鷹市東南方的北野地區生產內藤辣椒。家族從明治初期代代務農，現在擁有一公頃的農地。

當了4年的上班族後，富澤先生決定繼承老家的農業。理由是只要身體健康就能一直工作，還能用自己的創意參與經營。除此之外，父親務農時的背影看起來相當愉快也是原因之一。富澤先生務農至今已經是第13個年頭，他認為農業可透過食物讓人幸福。

照片・文章：早川直幹

蔬菜生產後，會交給負責烹煮的人，然後會有人品嘗——富澤先生很驕傲自己能參與這一連串連結幸福的過程。

他認為在東京務農很有意義，因為可以在都會附近提供新鮮蔬菜，田地也能成為地方居民休憩的場所，並藉此貢獻社會。以「內藤辣椒計畫」主辦人成田重行的邀請為契機，富澤先生今年開始生產內藤辣椒。

江戶時代德川家康的家臣、也就是之後的關東總奉行內藤清成，因為長年的功績而獲得家康賜予領地（現在的新宿御苑），第七代當家清枚把這塊領地當作別墅，開始種植內藤辣椒。辣椒成了新宿一帶的特產，隨著江戶蕎麥文化的發展，曾被視為重要的佐料而普及開來。但之後因為不敵辣度高的「鷹爪」，加上新宿一帶的農地也因為都市化而減少，連帶使得內藤辣椒絕跡。但2008年「內藤辣椒計畫」啟動，嘗試讓地區特產睽違300年復活。該活動的一環是在新宿商店街的店家前，擺放種植箱栽培內藤辣椒。

在新宿御苑，春季會舉辦幼苗分發會，秋季則有收成活動，御苑內的咖啡廳或餐廳也會提供以內藤辣椒加工製成的香腸料理。

富澤先生早就想用東京農產品製作伴手禮，進一步復興東京的農業，所以很期待這個香腸製品。參考2015年第一次栽種的狀況，富澤先生從12月的養土就開始躍躍欲試，想在第二年種出更好的辣椒。

P94上　富澤剛先生。
P95　內藤辣椒的花朵。
P99右　新宿御苑的咖啡廳提供的香腸拼盤。
P99左　於四谷三丁目商店街的店家前放置的內藤辣椒種植箱。
※該店（錦松梅）的商品未使用內藤辣椒。

親手交給你 生產者面對面銷售

小平市／萵苣等

久米先生的農田位於自家徒步5分鐘處，四面圍繞著住宅。以久米堅裕（33歲）為核心，加上父親康裕、祖母友（93歲）和妻子由美子共四人，全年會在這裡生產和銷售約50種蔬菜。春季到夏季種植番茄、茄子、小黃瓜等，經過秋季的播種期後，冬季種植蘿蔔、萵苣和白菜等多種蔬菜。堅裕先生從小就到祖父那代開始的農田協助父親務農，高中畢業後在立川農業考場研修1年，現在繼承了久米農園，成為第三代負責人。

照片・文章：松田繪里

専用

農園的收穫鼎盛期是早上6點，而上午主要是銷售採收的蔬菜。中間隔著午休，從下午2點到日落則進行作物的播種或管理。雨天基本上休息，不過夏天會視作物的生長狀況到田裡去。收成的蔬菜有8成會在田地的一角銷售。倉庫的屋簷下排列著細長的帶葉胡蘿蔔、大大小小形狀獨特的茄子和苦瓜、帶泥的蘿蔔等，除了青黃不接的時期之外，每天早上會收成約15種當季蔬菜。過去為純露天栽種，現在則併用溫室，所以整年下來能採收更多的蔬菜。

堅裕先生務農至今約有10年。這段期間他雖然感受到有設備、以及改良後的種子越來越耐病等優點，但也體會到作物容易受氣候影響的缺點。這幾年的夏天異常炎熱，因降雨量不足得增加到田裡澆水的次數，也因此多了一筆成本。據說4～5年前露天栽培的蔬菜根本不需要澆水。

即便是東京都內農家較多的小川町一帶，像久米先生一樣自產自銷的農家並不多。現在農園也開始供應食材給地區學校當營養午餐，不過今後依舊會以面對面銷售的方式為主。

將農家直接交付的蔬菜放入口中，就會想起農夫的表情。這裡頭蘊藏的巨大理念，是陳列在店前的袋裝蔬菜所沒有的。

為了維持新鮮，堅裕先生的原則是早上採收的蔬菜要在當天賣完。如果有人想買已經賣完的蔬菜，他會再去田裡採收賣給客人。當然也不是一切都這麼美好，偶爾也會遇見說話不留情的客人，但從中誕生的信賴關係，讓堅裕先生感受到務農的價值。

P100上　與妻子由美子和長女美咲一起。
P101　長男堅冴也會幫忙。
P105左　剛採收的國王菜。

為了地區居民
環保農夫的蔬菜栽種

小平市／多種蔬菜

從青梅街道穿過岔路，就能看見酒井先生約700㎡的農田。在那裡，春季到夏季種植番茄或茄子等果菜類，秋季到冬季則栽種蘿蔔或高麗菜等大型蔬菜，一年下來大約會生產五十種蔬菜。從江戶時代傳承下來的這塊田地，現在由酒井充先生（57歲）繼承。當了十年上班族後才繼承家業的充先生，是東京都認證的「環保農夫」。「環保農夫」是指依照東京都制訂的農業法，整體性地施肥養土，並減少使用化學肥料和化學農藥的農家。

照片・文章：松田繪里

酒井先生的農田為了極力減少農藥，已經做了各式各樣的努力。其中一樣就是活用費洛蒙補蟲器。通常灑農藥的目的是為了防除已孵化的幼蟲。因為會估算孵化的時機再灑農藥，所以使用的次數會變多。

費洛蒙捕蟲器顧名思義，就是用母蟲的費洛蒙引誘公蟲進入的容器。塑膠製的筒形容器內部構造就像漏斗一樣，入口寬出口窄，蟲一旦跑進去就會完蛋。而母蟲少了公蟲自然無法產卵，幼蟲也不會出生。這樣的陷阱散落在田地各處，當作防除害蟲的措施。其他還有拿網子覆蓋發芽前的田地等，這也是一種預防害蟲的對策。

栽種出來的蔬菜，除了在農協銷售外，還會批發給當地的托兒所和中小學當營養午餐。除了下霜和土壤結凍的冬季之外，基本上當天早上採收的蔬菜，會在上午8點半前直接送往各學校。酒井先生看學校菜單就能知道供貨的數量，當數量比平常多（如高麗菜100公斤等）或夏季時，有時上午4點半就要下田。另外，胡蘿蔔等蔬菜在收成後，還會進行拔葉和清除泥巴的程序。為了簡短作業時間，在幾年前引進了專用機器。酒井先生說，在那之前處理20公斤要花上1個小時，現在只需要短短3分鐘，節省了許多時間。

話雖如此，大部分的工作還是由酒井先生親手進行。不管是炎熱的夏季，還是下大雪的冬季，今天也一樣……酒井先生依舊在種植安心安全的蔬菜。

P107　蘿蔔的種子，表面塗了含殺菌劑的溶液。可有效防治害蟲及促進發芽。

P111　剛收成的蔬菜。之後會摘除葉子、洗掉泥巴出貨。

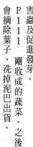

江戶東京蔬菜瀧野川牛蒡
牛蒡香是日本的飲食文化

小平市／岸野農園

早晨和日出一起巡視農地一圈，再依蔬菜的狀況決定當天的工作。在小平市經營岸野農園的岸野昌先生（52歲）的一天是這樣開始的。自江戶無血開城後已過了300年，而這塊農地也有同樣的年紀。岸野先生大約是第15代，因為歷史悠久已無法確定年代，由此可見這塊田地有多麼古老。岸野先生說他原本是上班族，而且還是幹勁十足的上班族，後來決定代替岸野家的繼承人，也就是自己的妻子接手農業，這已經是10年前的事了。現在他一年三百六十五天，每天二十四小時全年無休地專注在務農上。

照片・文章：岩田祐介

瀧野川牛蒡的長度約1公尺，直徑約2～3公分，名字源自於西元1700年左右，也就是江戶初期開始，東京都北區的瀧野川地區曾經長年種植牛蒡。這種牛蒡的根部柔軟且味道佳，在當時很受人喜愛，是現在市面上常見的長根牛蒡的始祖。

「蔬菜也有流行，只要目光放遠就能用農業掌握時代，這也是農業的價值所在。」岸野先生說。五年前開始，他就看上江戶東京蔬菜並著手種植。為了種出東京獨有的蔬菜，他更致力於栽種包含江戶東京蔬菜在內的傳統品種。

因瀧野川牛蒡的長度達1公尺，收成時土壤也必須挖到相同的深度。坑洞可用專業機器挖掘，但之後的採收作業則須一根根手工進行。

日文的「拔牛蒡」一詞也能用在賽跑上，但原本的語意是指一個勁地拔出牛蒡。實際上為了避免牛蒡折斷，需要謹慎且細心的作業。

因為栽種起來煞費苦心又困難，所以瀧野川牛蒡曾經一度消失。岸野先生認為傳統蔬菜雖然不易種植，但成功時獲得的成就感也因此比較大。除此之外，農地還種植了萬福寺鮮紅大長蘿蔔、人稱土垂的芋頭等各種傳統蔬菜。

岸野農園的蔬菜不會在市場流通，主要採直銷模式在自家庭院販售或和JA一起直銷，也會在HOTEL DE MIKUNI等東京都內的餐廳銷售，所以能保障蔬菜的安全性。農園也會讓小學生來體驗收成。「人類要活下去，絕對少不了蔬菜。」岸野先生說。他還說牛蒡就是要享受它的香味，而能享受其香味也是日本獨有的文化。

P112上　岸野昌先生。
P117右　挖起1公尺深土的機械。
P117左　坑洞是用機器挖，但收成要用雙手一根一根拔。
譯註：「拔牛蒡（ごぼうぬき）」用在賽跑時，有一次超越前方多數跑者的意思。

江戶東京蔬菜谷中生薑
親子一起栽種傳統蔬菜

國分寺市／小坂農園

小坂農園在國分寺市和府中市擁有七處田地，由小坂良夫先生（57歲）守護代代延續的農田。這些田地有很長的歷史，據說能追溯到江戶時代以前。

除了2014年9月獲認為江戶東京蔬菜的谷中生薑之外，小坂先生還栽種了包含寺島茄子、東京土當歸等江戶蔬菜在內的各種蔬菜。

谷中生薑的名字源自於江戶時代起就是生薑產地的台東區谷中。但歷經明治和大正時代後，生薑的產地移往了埼玉和千葉。

照片・文章：岩田祐介

造訪小坂農園的生薑田，會對非常柔軟的土壤感到驚訝。這是小坂先生對作物的堅持，因為檢查土壤維持田地的健康是一件很重要的事情。讓土壤飽含空氣變得更鬆軟，作物的根才能扎得深，種出更好的生薑。

花工夫栽種的谷中生薑，其奶油色的地下莖會帶點紅色顯得相當美麗。此外纖維也比較少，不用磨成泥直接沾味噌也很美味。

小坂先生從20歲開始致力於農業，至今已經37年了。農家是一種手藝人。因為這樣的想法，所以他在就讀都立農業高中、東京農業大學之後繼承了農家。農家的長男應該繼承家業，他從小在這樣的環境下長大，所以在國中時就下定決心要接手家業。

小坂農園種谷中生薑超過30年，過去有段時間主要種植其他比較好食用的生薑，但隨著江戶蔬菜鹹魚翻身，農園才決定改種日本原有的生薑。「後繼有人讓我很放心，可以進行挑戰。」良夫先生說。

良夫先生的二兒子知儀（24歲）也以繼承人的身分，從1年前開始務農。小坂農園的蔬菜是以市場外流通的方式銷售。除了在超市、直銷所、Dean and Deluka六本木店的活動或Hills Marche販售之外，學校的營養午餐也吃得到。

在東京從事農業的優點在於，銷售時能直接看見消費者的面孔，反之也有東京獨有的辛勞，那就是必須在住宅區的田地栽種。在驅除害蟲和防範噪音等方面，必須得到地區居民的諒解，卻也相當困難。此外，小坂先生已經和市政府簽署協定，災害時會提供農地當作臨時避難場所，也會協助提供食材。

P119　小坂良夫先生和繼承人知儀。

P123右　小坂農園特製的薑糖水。微甜的滋味，感冒時也很好入口。

P123左　蓋在小坂農園自家旁的直銷所，可買到谷中生薑等各種蔬菜。

誠實第一
正是讓消費者安心的基礎

町田市／東京牛乳

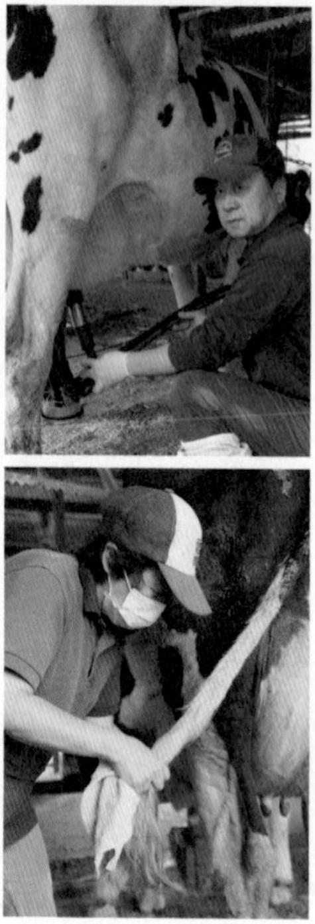

爬上町田市住宅區的丘陵，會聽見「哞」的叫聲。這裡是中島義雄先生（57歲）的牧場，從山丘可一覽高樓大廈，由此可知牧場就位於都會中心。中島先生是牧場的第2代繼承人，每天和妻子2人一起照顧牛隻。原本攻讀理工科的中島先生，據說費了一番苦心才學到酪農的知識。他為了學酪農去了好幾趟北海道，才終於學會飼養技術，在參加乳牛選美比賽時，甚至曾讓其他縣市的酪農家驚訝說：「東京居然養得出這樣的牛」。

照片・文章：松尾和典

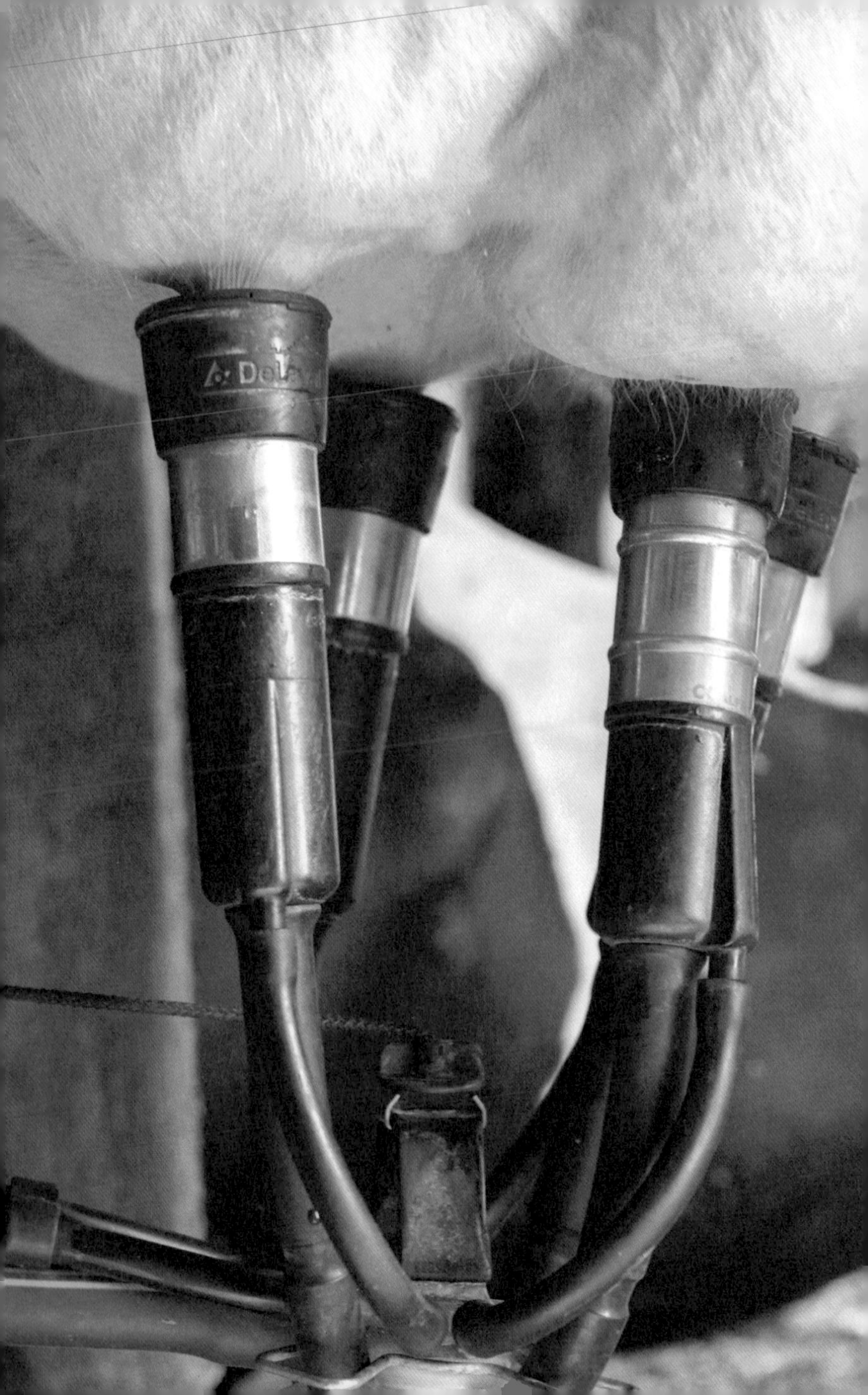

每天擠的牛乳好壞，取決於牛隻的身體狀況。中島先生最在意的是維持牛隻的生活節奏，每天在固定的時間擠乳和餵飼料。正因為牛隻健康，才能擠出高乳成分的牛乳。

東京牛乳的特徵是乳成分的基準含量高於一般牛乳。當牛隻身體變差，乳質或乳成分可能會低於基準值。在沒有通過乳質檢查之前，很遺憾地牛乳會全部銷毀。糟蹋從細心照顧的牛隻上採集的牛乳，是一件非常難受的事，但中島先生絕不會為了出貨而標示不實。

把純正的產品送到消費者手中是最重要的，中島先生說那才是東京牛乳之所以令人感到安心又安全的原因。

新鮮也是東京牛乳的特徵之一。相較於北海道運來的牛乳，東京牛乳從擠乳到販售的時間壓倒性地短，名符其實是在東京才能喝到的現擠牛乳。

在町田有間店家會用如此新鮮的牛乳製作義大利冰淇淋。那是中島先生和附近的酪農家夥伴共同出資，開的一間「冰淇淋工房咖啡廳（あいす工房ラッテ）」。每天將剛擠好的牛乳運到工房加工成冰淇淋。店內除了香草和巧克力兩種經典口味外，還有用生鮮蔬菜或水果製作且充滿季節感的限定口味。

隨著都市開發的腳步，都內的酪農家正逐漸減少。東京現在都跟其他地區購買牛乳，但牛乳最重要的是新鮮，所以應該更加注重在地生產的牛乳。那將成為支撐東京酪農業的動力。

P124上　中島義雄先生。
P124下　妻子中島千賀子。
P126、127　望過正在吃草的小牛，前方是高樓大廈。
P129　冰淇淋工房咖啡廳。

地址：
東京都町田市相原町2567
042-783-4643

栽種花卉50餘年
以愛灌溉才能讓花朵美麗綻放

東村山市／久野園藝

東村山市位於東京都多摩地區的北部。2001年當地推動「東村山市農業振興計畫」，讓農業發展了起來。

久野園藝是東村山9戶園藝農家之一。負責人久野耕司（70歲）原本是蔬菜農家，因為在日本經濟高度成長期時花卉很熱銷，所以才開始種花。種植的品種有仙客來、三色堇、香堇、秋海棠、萬壽菊等其他各式各樣的花，花田開滿了美麗的花卉。

照片・文章：今村晉久

久野園藝的工作時間從早上8點到下午4點半，夏天則是早上6點半到下午7點，幾乎一整天都在工作。

收成的花卉會出貨到花市，市場的行情則依每日天候而異。2015年因為下雪和颱風多，栽種的花受到不小傷害，讓久野園藝傷透腦筋。

因為是採溫室栽培，最近油價上漲讓經營變得比較辛苦。近年來很多切花是進口貨，海外產占三分之一，日本國產占三分之二。

要和低價的進口商品競爭相當辛苦。雖然盆栽花卉沒有開放進口，但日本國內的產量過剩，幾乎無法獲利。花市的行情時常變動，這是久野先生覺得最難受的地方。

久野先生種花時覺得最開心的，就是看到花開得好。除此之外，自己種的花參加每年舉辦的產業季，得到他人客觀的評價也會讓他很高興。久野園藝已經獲頒東京都都知事獎，目前正以農林水產大臣獎為目標，每天持續栽種更好的花卉。

現在因為有房屋稅和繼承的問題，所以很難找到繼承人。他說如果想單靠園藝為生，現在的設施面積（塑膠溫室4座、玻璃溫室3座）必須擴充3倍。久野先生的農園也是後繼無人，會在他這一代結束。雖然有各種問題，不過費心照料的花朵能讓觀者感到高興或得到稱讚，依舊是一件很令人開心的事。

久野先生的花田開滿了美麗花卉。能長得如此漂亮，肯定是久野先生費盡苦心用愛灌溉的成果吧。

P131　紫黃對比鮮豔的三色堇。

P134　外形很像三色堇的香堇。大小略小於三色堇。

根域限制栽培 連外皮也很美味的葡萄

東村山市／果園久安

位於東村山市住宅區一角的大型塑膠溫室，一旁有獲指定為市鎮紀念物的三棵大欅樹。果園久安的中村博（58歲）先生在這裡栽種葡萄。田地從約150年前代代傳承下來，他是第7代繼承人。這塊田地並不是一直都在種果樹。經過養蠶、小麥、畜產等各種變遷後，這裡才變成了果園。剛開始種植的也不是葡萄，而是名為多摩湖梨的品牌梨，是東村山特產的果樹。但全部都種水梨的話，勞動的高峰期會集中在同一個時間點，為了栽種出更好的果樹，果園久安才會種植葡萄。

照片・文章：岩田祐介

中村先生栽培葡萄的方式很獨特。不是種生根的葡萄樹，而是在溫室內用大型種植箱栽培。這是名為根域限制栽培的栽種方式，可控制樹根生長的量和空間。

東村山地區並不適合栽種葡萄。因為土質太好，根容易扎太深，所以無法種出理想的葡萄。為了種出好葡萄，中村先生全數改用種植箱生產，將樹和根的比例設為5：1，根的深度則為25㎝。這種栽培方法，非常適合種出中村先生想要的葡萄。果樹園的葡萄外皮柔軟，甚至能透光，而且沒有籽又很甜，可直接連皮享用。採用根域限制栽培可大量種植這樣的葡萄。中村先生的堅持就是生產其他地方不容易買到的葡萄，讓上門的顧客感到開心。其中還有全日本只有20人生產的品種，例如翠峰、瀨戶Giants（桃太郎葡萄）、Aurora、Manicure Finger、晴王麝香葡萄等多種稀有品種。銷售方式皆為在庭園前直銷。雖然其中送至日本各地的訂單就佔了8成，但購買人仍需要來到庭院辦理購買手續。還有很多客人很期待每年來一次果園久安。中村先生能看見客人開心的表情，而顧客在購買時也能看見生產者，因此能感到安心以及生產者對客人的用心。大家交談、試吃，然後買下喜歡的葡萄。另外，果園還提供寄送禮盒的服務。

今後中村先生也會繼續挑戰各式品種，透過果樹提供顧客秋天的樂趣。

P137　翠峰。顆粒大吃起來很有口感。特徵是多汁的爽朗甜味。
P140　Aurora21。全日本只有20戶農家獲准栽培，在東京僅久安一戶。超級大粒卻非常甜美的葡萄之王。
P141右　Manicure Finger。
P141左　瀨戶Giants（桃太郎葡萄）。

持續守護傳統的松乃園 用感謝和愛栽培的稻城水梨

稻城市／松乃園

讀賣樂園站下車後步行5分鐘，就能抵達松乃園。道路上看見的巨大看板就是標示。

稻城水梨是稻城市獨有的梨子，相較於其他品種，果實大顆又多汁是其特徵，可享受到清脆的口感。在炎熱的夏季，冰鎮享用會更加美味。

在松乃園內第一個培育稻城水梨的是進藤益延先生，他用稻城的原木接枝的苗木就在園內，這是目前僅存的貴重樹木。

而松乃園栽種的水梨品種眾多，田地也有好幾處。

照片・文章：大橋奈都紀

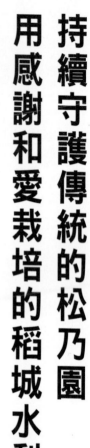

「努力專注於工作，就會感到快樂。」松乃園第5代繼承人原嶋清一先生（73歲）說。下雨天工作時，雨水打在雨衣的聲音和周圍的寂靜讓他很放鬆。

原嶋先生認為對東京農業而言，最重要的是田地環境以及和周邊居民的協調。居民住在附近，意味著顧客就在附近，這就是在東京務農的優點。稻城的水梨因為保存期限不長、花粉不容易附著等缺點，難以在其他地方栽種，所以才會變成貴重的水梨。

松乃園目前正努力減少過去大量使用的農藥，而且在肥料上也下了工夫，添加了大量的礦物質。

為了讓大眾有機會認識稻城水梨，松乃園也開發了只有自家才買得到的商品，那就是加了稻城水梨酒的冰淇淋。冰淇淋使用大量的牛奶，味道連孩童也很容易入口。有些路人看到招牌會上門光顧，當然也有許多每年都來光顧的常客。

松乃園也接受農業大學的學生志工和學習體驗。因為重視與地區的關係和人際交流，才會致力於栽培未來的農業人。松乃園能守住傳統的理由，從原嶋先生的人品也能想像到。

原嶋先生身為稻城水梨合作社的一員，也致力於栽種全新的品種。不過目前尚未成功，還處於反覆研究的階段。這份努力讓松乃園和原嶋先生今後也備受期待。

P143　原嶋清一先生。
P147右　水果滋味的水梨酒（1瓶1360日圓）。

地址：
東京都稻城市矢野口1652
042-377-6237
http://homepage3.nifty.com/matunoen/

江戶蔬菜「東京土當歸」雪白身姿凜然美麗

立川市／土當歸

「該種什麼才會有趣呢？」

經營立川市須崎農園的須崎雅義先生（71歲），闡述他開始務農的契機。據說當時他有很多的煩惱。

務農50年的雅義先生從農業高中畢業後，於1962年開始獨立經營農業。他當時繼承父親的農田，每天都在思考能在這裡做什麼。

「父親那一代是從事養蠶，但繼續經營下去情況只會越來越糟。」因為有這樣的想法，他才會轉而種植土當歸。

照片・文章：比嘉良枝

東京土當歸是五加科植物，又名「獨活」。不同於其他群聚生長的野菜，土當歸單獨一株也能長得生氣蓬勃，所以才會有這樣的稱呼。

土當歸、款冬、山葵是日本原產的稀少蔬菜。東京土當歸從江戶時代開始生產，到了經濟高度成長期成為稀有的高級蔬菜，也開始出現在一般家庭的餐桌上。不過，由於都市發展造成栽種面積減少等原因，全盛時期東京曾有500戶的栽培農家，現在減少到了50戶，在立川僅剩20戶。其中1戶就是須崎農園，是由負責人雅義、妻子恆子（68歲）、兒子夫婦4人經營的專業農家。

東京土當歸跟山當歸不同，會把根株移往漆黑的地下（地窖）栽種，所以是雪白色的。因為香氣佳澀味少，所以可用在各種料理上。土當歸約95％是水分，內含維他命B群、維他命C和胺基酸，營養價值很高。

現在有很多人不知道怎麼吃東京土當歸，為了讓它更容易出現在各個家庭的餐桌，恆子女士推薦了許多能簡單製作的土當歸料理，例如涼拌醋味噌、天婦羅、醃泡鮭魚等。在立川市的某些店家，目前可以享用到土當歸料理，當地還會用土當歸製作名產。

從事農業，讓雅義先生深深感受到一件事情，「一個人根本無能為力，一切都是因為有家人和各方的協助才能成功。」他用溫柔的眼神說。

P148上　栽種土當歸的地窖。
P148下　專職務農的須崎家。
P149　土當歸的花苞。
P150、151　土當歸田和早上的風景。
P153右　地窖要架梯子下去。
P153左　從地面看地窖入口。

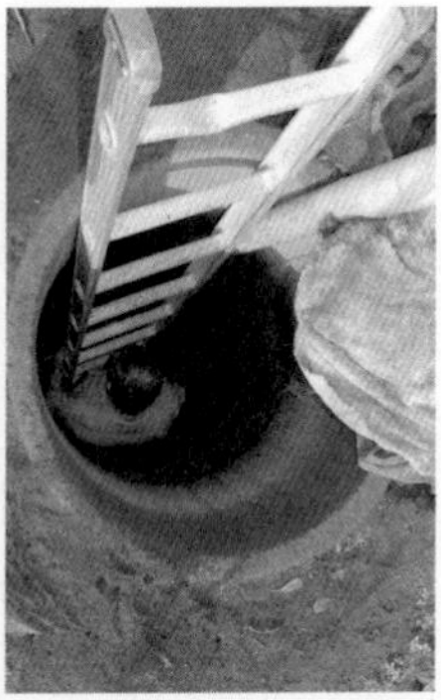

對祖先的土地有所堅持
可安心食用的地區緊密型蔬菜

立川市／中里農園

立川市北部是一片廣大的農地。二戰前有許多農家散落於此，專門提供蔬菜給首都圈。但最近因為繼承人不足和轉往其他業種發展等原因，許多農地變成了住宅地。

繼承祖先代代相傳土地的第5代子孫中里邦彥先生（43歲），5年前從長年服務的信用金庫離職，決定成為立川市農業發展的骨幹，開始以地區緊密型農業為生，而不是靠能獲利謀生的酪農業。因為有全家人的協助，才有辦法作這樣的轉型。

照片・文章：瀧 謙一

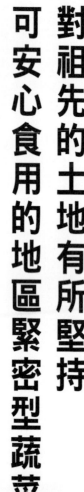

10
SOCCER

由於中里先生的父親從事酪農業，所以在農園能自行生產堆肥，不用另外購買。

而做好的堆肥會當作有機肥料使用。堆肥如果很篷鬆的話，透氣性、保水性和排水性都會變好，能協助土壤改良。從結果來看，可以減少化學肥料的使用。

農園也積極引進新的栽培方式，例如把塑膠溫室改成抗UV材質，讓蟲看不見以減少蟲害；或是同時種番茄和羅勒，如此一來番茄會變甜且不容易長蟲等。

在這層努力下收成的作物，會在農場附近的蔬菜直銷所販售。透過當面買賣可直接聽取消費者的需求，反應在種植作物的種類和品種上。

農園不會一次大量種植相同的作物，而是堅持比較辛苦的少量多樣栽培。

造訪銷售所的客人其性別和年齡層不盡相同，有時候上午就會銷售一空。栽種的蔬菜還會供立川市的餐廳採購、在農民中心銷售，或是送給金融機構的年金領受人當紀念品等，目前正在擴大對外的通路。

除了農業之外，農園還化身為教育場所，活用全國新就農諮詢中心的輔導措施——「農業雇用事業」來協助想務農的人。因為中里先生想積極接納農業研修生，協助他們在未來成為能自食其力的農家。

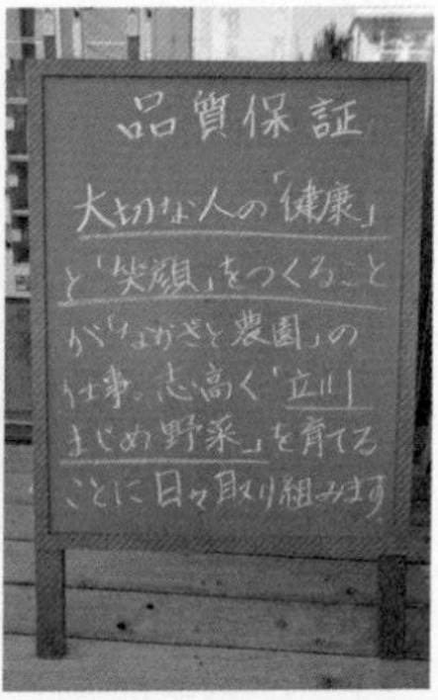

P154上　農園內的中里家。
P154下　在農民中心販售時貼的品質保證書。
P156、157　自豪地炫耀現採蔬菜的兩兄弟。右為長男吉伸（10歲）、左為次男祐喜（8歲）。
P159左　蔬菜直銷所。
nakazahttp://www.nakazato-farm.jp/index.html

視覺享受造型剪樹與之共同發展的小林養樹園

立川市／小林養樹園

從西武拜島線的西武立川站步行15分鐘，會來到入口有成排造型剪樹的小林養樹園辦公室。

這裡原本為約6000坪的廣大農地，但上一代主人因為膝下無子而後繼無人，所以小林公成先生（67歲）在高中時代，從羽村遷居到立川接手這裡。毫無農業經驗的小林先生在繼承之後，不打算把土地繼續當作農地使用，想轉而從事生產綠化樹木的事業。不過這方面他也毫無經驗，所以曾經向附近的園林業者學習基本的栽培方法。

照片・文章：瀧 謙一

創業50年的小林養樹園，初期因為和種蔬菜不一樣，樹木從栽種到能販售要花上好幾年的時間，所以小林先生說事業在上軌道之前是最辛苦的時期。之後適逢經濟高度成長時期，有段時間銷售給公共事業的樹木大幅增加，但隨著時代的變遷，養樹園重視的顧客群也從官方轉向民間。

現在養樹園一條龍經手綠化樹木的生產、銷售和批發。當手邊沒有顧客要求的樹種時，他們會透過散布在全日本的情報網找尋，然後銷售給客戶。

除了培育樹苗販售外，養樹園還會用簡易施工的貨櫃栽培樹木，讓樹木可設置在人工土地等綠地以外的地方，藉此販售適合綠化都市的樹木。

養樹園最近特別投入的事業，是在日本還尚未普及的造型剪樹。「造型剪樹」是一種園藝，利用金屬框架栽培樹木，再剪枝修成動物等各種造型。

小林先生曾經到義大利各地觀察實際展示的造型剪樹，回日本之後他從摸索的階段開始從事創作。2014年在東京舉辦的國民體育大會上，小林先生以造型剪樹呈現立川的競技吉祥物，也慢慢地打開了知名度。

現在小林養樹園利用約2000坪的土地，併設了一座植物園（開園時間10～16點。週日與假日等休園）。園內除了有國外進口的花木，還栽種了闊葉樹（灌木到喬木皆有）等各種樹木。

另外，造型剪樹和綠色藝術也是觀賞的重點。前者是把各種樹木種在海豚、企鵝、熊和兔子的造型框架上製成，後者則是利用螺旋和標準造型的樹木及盆栽等進行的創作。

P160下　整枝中的小林社長。
P161　綿延約350m的灌木和喬木出貨用種植場。
P162、163　站在造型剪樹前的員工們。
P164　造型剪樹的出貨用種植場。
P165左　國民體育大會上使用過的造型剪樹骨架。
有限会社 小林養樹園
http://www.youjyuen.co.jp/

來自武藏村山之地
以堅持孕育出十足薰香與風味

武藏村山市／東京狹山茶

森谷園製茶工廠位於武藏村山市的靜謐住宅區內，一旁可看見狹山茶的旗幟在風中飄逸。

這裡從明治初期持續至今，現在森谷良孝先生（68歲）是第5代繼承人。

以「自園、自製、自銷」為標語，森谷先生專注於栽培狹山茶、管理茶園和銷售。過去將茶葉當作季節作物的一環來栽種，但從森谷先生這一代開始，狹山茶變成了主角，他從頭開始學習栽培方法，學會了使用機器製茶。

照片・文章：清水帆菜

東京狭山茶
伝統の味を自園、自製で伝える
森谷園製茶工場

狹山茶的主要產地是埼玉縣和周邊的多摩地區。

栽培的地區除了武藏村山市，還有東大和市、青梅市和瑞穗町等地。

東京狹山茶農業合作社的成員，也在這些地區彼此切磋琢磨提升狹山茶葉的品質。

相對於氣候溫暖地區可收成5次，狹山茶的收成期一年只有2次。厚葉的茶葉從2月到5月會慢慢成長，帶有營養的初摘茶有濃厚的味道和甜味。

為了守護此等美味，森谷先生得花上一整年的時間細心管理茶園，但每年最煩惱的還是防除害蟲的問題。特別是近年來地球暖化導致氣溫升高，害蟲的棲息範圍也從九州地區往關東擴散。

「茶葉的變化只要細心一點就會知道，但驅除難防的害蟲（不怕消毒的蟲）卻總是在失敗中尋找方向」。

森谷先生有時會露出豪爽的笑容，但從他的眼中可看見對茶葉真摯的愛。

從事種植和銷售狹山茶的他，今後也想持續珍惜與顧客的距離。因為時常和顧客溝通，才能一直維持高品質。但相反的，「回應消費者的需求很重要沒錯，不過今後我還是會栽種自己堅持的茶葉。」他說。

森谷先生今後也會繼續在武藏村山市，栽種帶有微微香氣和味道幽深的狹山茶葉。

P171右　清掃細微茶葉時使用的掃把，有大中小各種尺寸。
P171左　因茶鏽變黑的菜瓜布。蒸茶葉的機器會用菜瓜布清洗，不僅洗得乾淨還不會傷到機器。

不斷減少的日本蠶絲 一家三代的傳承與推廣熱情

八王子市／養蠶

從八王子站開車20分鐘，與站前的喧囂截然不同，所到地區是一片綠意盎然的農業地帶。八王子市過去因養蠶和絹織產業盛行，而有「桑都」的美稱。從橫濱開港到明治中期，外銷用的生絲會經由連接橫濱和八王子的「絹之道」運抵港口，所以在歷史上養蠶業曾經大力撐起日本的國力。

長田家於明治30年左右開始養蠶，是現存僅3戶的八王子養蠶農家之一，一家3代共6人繼承了代代傳承的養蠶業。

照片・文章：矢澤 剛

幼時就接觸養蠶業的長田誠一先生（44歲），在19歲父親過世後，就與母親和明治時代出生的祖父一起經營養蠶業。現在養蠶農家的數量年年減少，年紀輕輕就繼承養蠶業的誠一先生，即使到了年紀4字頭的現在依舊是養蠶農家中最年輕的。

長田家每年在春秋兩季養蠶，飼養的蠶數皆達4萬隻。收成的繭會提供給為了守護目前市占率僅1％的日本國產絲而設立的「東京蠶絲會」，製作純日產高品質的絲製品。此外，長田家的養蠶直銷產品還會在公路休息站「八王子瀧山」銷售。為了讓大家多親近接觸機會變少的日本蠶絲，誠一先生正在努力進行推廣。

「蠶是家畜。跟其他家畜一樣，人類不照料牠就活不下去。而我們則是從牠們的生命中得到恩惠」。蠶自古以來就被當作提供生絲的家畜，還歷經品種改良讓人類更容易飼養。結果造成蠶的眼睛和鼻子退化，蛻變成蛾也不會飛，還非常怕化學物質。沾到農藥的桑葉不用說，光是附近農田在灑農藥就足以讓他們喪命。

誠一先生現在依舊會讓當地的小學生體驗養蠶，藉此告訴他們生命的珍貴，以及飲食隨手可得是一件多麼可貴的事。身為養蠶農家，他少見地會用網路發布消息；而在公路休息站販售和教導如何用蠶繭製作手工藝品的活動，則是靠妻子晶女士的點子和品味。一家團隊合作的優點，在於活動不會只侷限在八王子，未來肯定還能重振日本的養蠶業。

P172下　房屋有一部分是明治時代遺留下來的。右起為次子悠汰、妻子晶、母親百百代、三兒子昊彌、誠一、長男想真。

P174、175　蠶寶寶吃桑葉的聲音，在屋內此起彼落。

P176　「旋轉蠶蔟」利用蠶會往上爬的習性，蠶繭會塞滿框子。

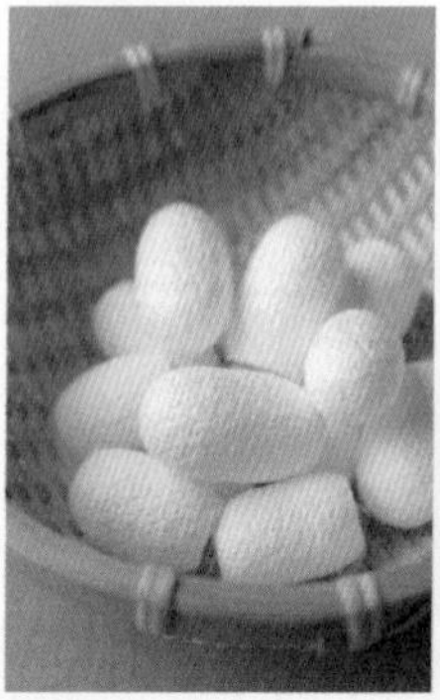

「愛」孕育出的高級嗜好品 小雞蛋大力量

八王子市／東京烏骨雞

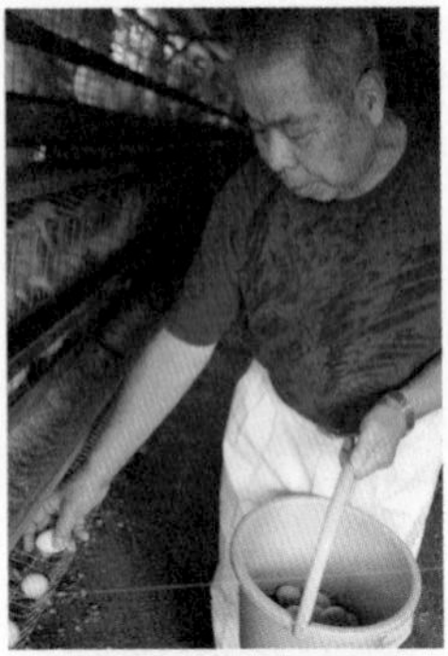

位於東京都八王子市。在京王堀之內站下車，穿過多摩新鎮的住宅區後，可看見東京烏骨雞生產合作社會長：富澤實先生（75歲）的農家。

14年前原本是東京農工大學職員的富澤先生，在離職的同時開始飼養東京烏骨雞。理由是「營養價值高，可改善糖尿病」。

養雞14年的富澤先生已經接受電視台的採訪多達10次。在AgriFesta上得過4次獎，真的是生產東京烏骨雞的第一把交椅。

照片・文章：羽山慎一

全身被雪白羽毛覆蓋，但啄子、皮膚、骨頭和內臟呈現烏黑的雞隻，正是東京烏骨雞。烏骨雞在德川幕府時代從中國傳到日本，成為權力人士的玩賞雞，雞蛋則是常見的高營養藥膳食材。

烏骨雞的產卵數量比一般雞隻少很多，因此東京都進行品種改良，研發出增加產卵數量的品種，也就是東京烏骨雞。

富澤先生的雞舍飼養了多達900隻的烏骨雞。一年只產60顆左右的雞蛋，不僅相當貴重且營養價值非常高，可有效改善成人病。在百貨公司或高級飯店的售價一個高達500日圓，成為了一種嗜好品。

富澤先生想讓如此昂貴的雞蛋「變得更為親民」，在當地的直銷所一顆只用100日圓販售，從這點也能窺見其人品。

擔任東京都烏骨雞生產合作社的會長，今年是第3期。富澤先生經歷過第一產業的衰退和人才不足造成的規模縮小等許多困境，但他還是繼續接任合作社會長的工作，這是因為他「喜歡烏骨雞」的關係。

「人生要做自己想做的事」，這是富澤先生的信念。大學職員時期他曾經花了一整晚，告訴學生貫徹自己想做的事情有多重要。能夠受訪數次、獲得獎項，甚至讓高級嗜好品變得更親民，都是源自於富澤先生的信念。

「2015年我已經75歲，差不多該準備退休了。」富澤先生半開玩笑地說。不過看到他談論烏骨雞時露出的欣喜表情，退休似乎是很久以後的事了。

P178上　撿雞蛋是每天早上的例行工作。
P179　抱著烏骨雞的富澤實先生。
P183右　外形比普通雞蛋小一圈，裡頭卻濃縮了從外觀無法想像的營養。

堅持原料 可安心食用的雞蛋

秋留野市／淺野養雞場

「不要替別人工作。」這是淺野養雞場的負責人淺野良仁先生（79歲）在二戰後，問母親「該怎麼做才能活得自由自在」時所得到的答案。

「靠自己工作，這樣就是自由」。淺野先生以不到500隻的雞和雙親在府中的300坪土地開始養雞事業。不久之後，他察覺到要養出好的雞隻必須要有好土地和好飼料，於是搬到了秋留野市。此外淺野先生沒加入農協，從生產到銷售都自食其力。問他為什麼，他說一切都是為了生產出自己滿意的雞蛋。

照片・文章：山崎紘史

加入農協的話，從飼料的調度到販售都能蒙受農協的恩惠，生活也會有某種程度的穩定。但加入農協也代表無法任何事都照自己的意思做。

「只要自己能滿意就會覺得幸福。幸福是無法以物質和金錢衡量的」。

淺野先生不是為了賺錢而生產雞蛋。他為了讓自己幸福，一路走來都在生產自己能滿意的雞蛋。

淺野先生生產雞蛋已有15年，因為評價很好所以很熱銷。吃一口他生產的雞蛋，就會改變至今對雞蛋的認知。蛋黃是非常漂亮的黃色，口感滑溜、味道醇厚，是讓人感受不到一絲雜質的樸實雞蛋。

吃過淺野先生的雞蛋後，再吃一般的雞蛋會覺得有多餘的味道。最近市售的雞蛋，蛋黃顏色濃郁如橘色，是因為顏色越濃看起來營養價值越高，雞蛋也越好賣，所以農家會刻意調整飼料讓蛋黃顏色變濃。因為只注重外在顏色，所以會添加生產美味雞蛋不見得會需要的飼料。

但淺野先生的雞蛋不是這樣。飼料是自家調配，只選用對雞隻有幫助的飼料。飼料用好一點成本當然也會變高，不過銷售通路是自己開拓，沒有中盤商所以成本可以自行吸收。這都是依照淺野先生母親的吩咐，才能有這樣的成果。

「真正的服務是品質，我想用品質貢獻顧客」。

一切都是為了想買自家雞蛋的顧客。淺野先生對養雞的熱情，孕育出美味的雞蛋。

P189右　淺野先生的雞蛋會在秋川農民中心販售。此外也會在養雞場直銷，遠地顧客可透過傳真購買。

住址：
東京都あきる野市菅生347
042-558-7439
http://www.asano-poultry.com

美味的關鍵是大地和農家的信念
東京才能品嘗到的驚人甜度

秋留野市／玉米

從杉並區沿途經過多摩地區，再往綠意盎然的秋川溪谷延伸的五日市街道。這條街道在秋留野市被稱為「玉米街道」。而秋留野市內道路旁的廣闊玉米田，也成了該市的特產。

過去到了夏天，道路兩側會排滿販售玉米的攤販，現在則主要在JA秋川營運的農民中心販售。到了玉米收成的高峰期7月，東京都內外的人們會把中心擠得水泄不通。

照片・文章：栗原良介

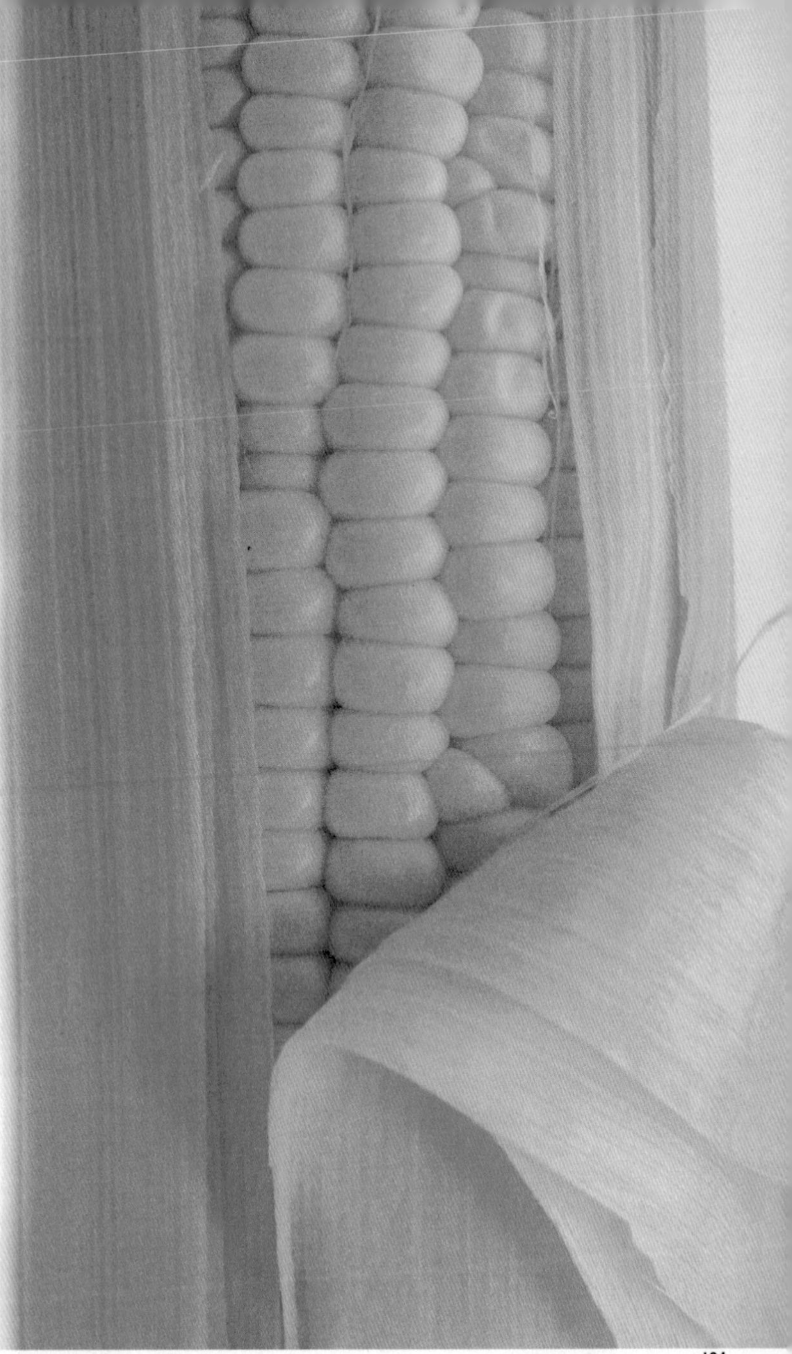

進到農民中心後，會看見裡頭擺滿了玉米，而且相當暢銷。開店時堆積成山的玉米，據說通常過了中午就會售罄。此外，品種之多也讓人驚訝。Gold Rush、Gravis、Mielcorn、amaindesu、御日様玉米……都是平常少見的品種。煮過後試吃一下會覺得好甜，粒粒分明的玉米，每咬一口都有滿溢的甜味。

「大概是因為秋留台地的土壤適合種玉米吧。而且排水也很好，在其他土地栽種也不會變得這麼甜」。JA秋川的甜玉米部會長田中雄二先生（61歲），是種植玉米超過30年的超級老手。

美味的理由不是只有土壤，產地直銷的新鮮度也是一大原因。「玉米越新鮮越甜，是適合直銷的作物呢。」田中先生有自信地說。玉米裡頭還積累了長年的種植經驗。為了讓味道變好，他們在30年前曾到山梨縣和千葉縣等地區視察，除了努力取得栽培的技術經驗之外，現在甜玉米部會的生產者也會彼此交換資訊，同時也很積極地引進新品種。

此外，甜玉米部會也致力於延長玉米的收穫時期。玉米的生產旺季是6月～8月，現在則希望今後能讓5月、9月或10月也能收成的農家增加。「不過這也有風險。提早收成會遇到早春的霜害，延長收成時間又會遇到颱風。東京一樣會受到自然的影響，不過還是會有消費者想買我們的玉米，我想回應他們的需求」。消費者想吃到可口又安心的蔬菜，這也成了田中先生等人所屬的甜玉米部持續挑戰的動力。

P191　為了讓玉米又甜又大，1株只會結一根玉米。
P195右　秋川農民中心內玉米排列的景象。
P195左　秋留野市內也有販售玉米製的和菓子。
洽詢電話：042-559-1600

在秋留野市繼承傳統 把農田留給後代子孫

秋留野市／初後亭（山崎農園）

位於JR五日市線的終點——武藏五日市站，有個名為秋留野市五日市的城鎮。這裡過去每逢「有五的日子」就會有市集，同時也是秋川溪谷的物資集散地。建設在此地的阿伎留神社是古籍《延喜式》也提過的古剎，如此有歷史的文化也讓當地居民感到自豪。

當地居民都知道在明治9年，當澀谷還是村時，五日市已經是規模更大的町。此地一處叫深澤的聚落，還曾經發現過一部由民間人士研議出的憲法草案「五日市憲法」。而就在9年前，有一對夫婦到此經營名為「初後亭」的小店，提供手打烏龍和蕎麥麵。

照片・文章：高橋利昌

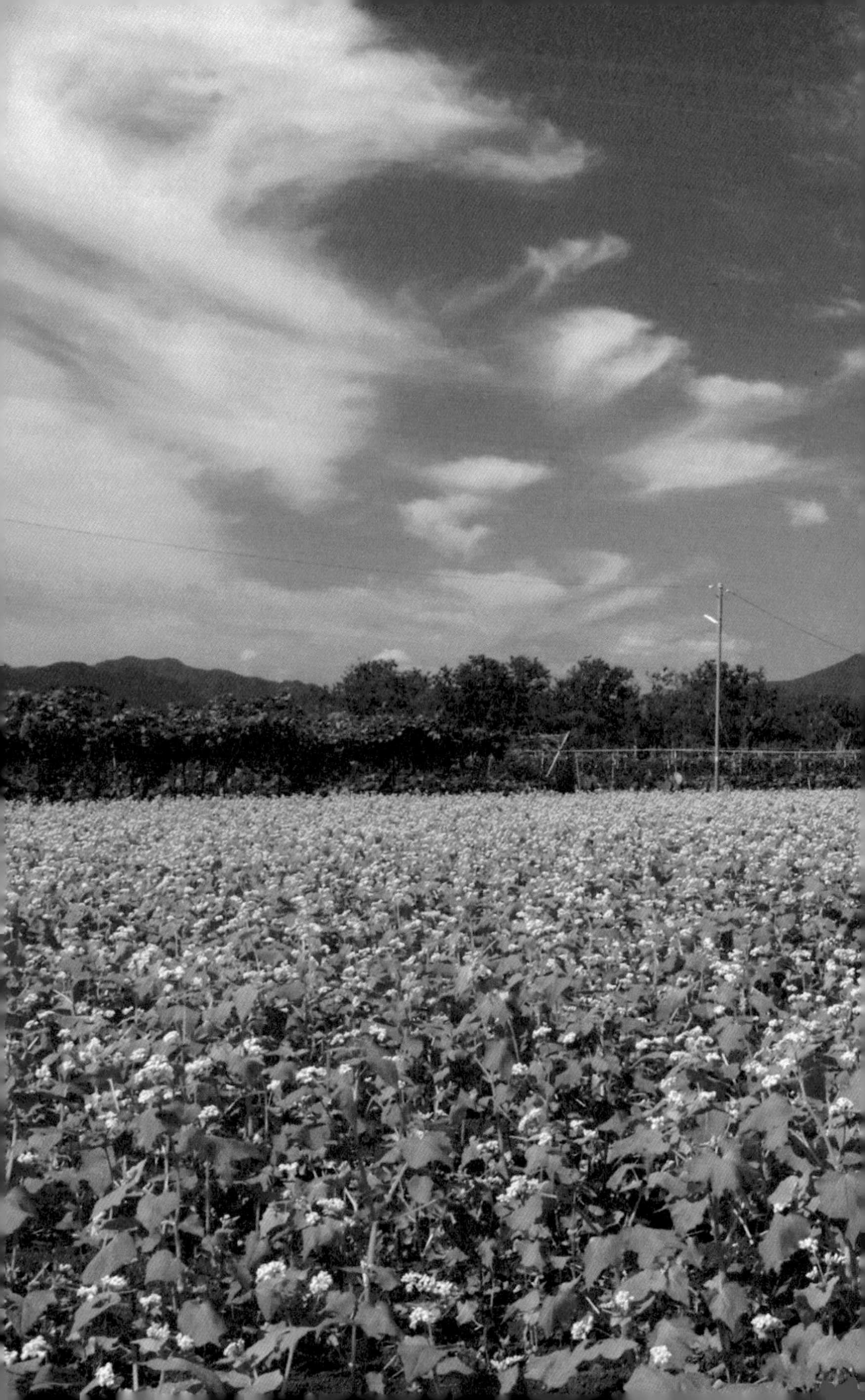

店主清水哲雄先生（61歲）花費三年親手打造的店面雖然也是特徵之一，但最大的特色還是在於自家種植的小麥和蕎麥。店裡還會用當地傳承的方法，製成手打烏龍和蕎麥麵提供給顧客。

這麼做看起來是為了繼承當地的傳統，但為何要選擇自己栽種小麥和蕎麥這種費力的方法呢？

進口小麥製成的麵粉成本是自家種植的五分之一，不過，「在當地吃到當地種的作物會覺得很美味。」清水先生說。

有一次和小舅山崎健先生（53歲）討論到「在鄉土留下田地」的話題時，清水先生想到採用小麥和蕎麥輪作的方法，因為這兩者播種和收穫時間雖然集中，但相對較不費工夫又能整年活用農地。接著他不斷摸索了15餘年，終於能確保店鋪一年份的小麥使用量，並手工打造店面開始營業。

現在由地方料理點綴的菜單中，名叫「拖出去」的傳統烏龍麵美食越來越有名氣。這道料理是把煮好的烏龍麵連同鍋子一起提供給顧客，讓他們自己用柴魚片、醬油或煮麵水調味享用，是一種很簡單的吃法。

初後亭以當地產的小麥烏龍麵，搭配適合的傳統桿麵法，所以最近不光是喜愛烏龍麵的人，連一般的愛好者也逐漸增加。

另一方面，小麥收成如果超過一年份的使用量，剩餘部分會製成乾烏龍麵「秋留野三里」，然後由山崎先生和清水先生，分別在名為農民中心的農協直銷所和初後亭銷售。

用當地麵粉製作的乾麵據說是睽違40年的產品，雖然風味異於生麵，但愛好者逐漸增加中。

而當蕎麥田開始綻放可愛的花卉時，則呈現一種格外的美感。

P196上　在初後亭廚房內的清水賢伉儷。
P200　為了提升麵粉的品質，會用扇車篩選（風選）。
P201右　初後亭自豪的「拖出去烏龍麵」是一絕。
P201左　用自家種植的小麥製作的乾麵「秋留野三里」，由小舅山崎健先生在農協的直銷所販售。

堅持原木栽培
有機蔬菜之王「正宗香菇」

青梅市／內沼香菇園

從ＪＲ青梅線東青梅站南口，搭公車約35分鐘。堅持用原木栽培的內沼香菇園，就在一處能呼吸到山中清澄空氣的城鎮內。

香菇園的主人原本繼承的是養雞場，卻覺得有益健康和自然的有機蔬菜很有魅力。

「我開始自學有機蔬菜之王香菇的栽培方法，不過起初一直失敗。那個時候我滿腦子想的都是香菇。」香菇園的負責人內沼秀夫先生（61歲）說。

照片・文章：岡村 篤

香菇現在約有150種以上，內沼先生挑選其中一種，使用原木栽培，比起外觀大小，更講究滋味、香味和口感。

為了維持枹櫟原木的自然風貌會留下樹根，以18年為循環砍伐，然後切成90㎝的長度並在冬天植菌。植菌後，將原木堆積成井字形放上2年。等香菇長出後開始栽培，使用完畢的原木則製成木片或當作獨角仙和鍬形蟲等的產卵木。

現在園內栽培的香菇，會批發給都內的餐廳，最遠甚至會提供給名古屋市或神戶市內的幾間店鋪。

此外園內還併設「咖啡Pilz」，許多室內裝潢是由負責人內沼先生親手製作。店面也反應出他的堅持與對顧客的愛。大量使用溫暖橘光的店內，可放鬆因採菇而疲憊的身體。

在店內放鬆的同時，還能享受市內的餐廳主廚監製的香菇義大利麵、以手工披薩窯烤製的香菇披薩和沙拉等，每樣菜色都大量使用了香菇。

來訪的客人在農園採收香菇之後，可在園內設置的BBQ區炭烤享用。當場享受自己採的香菇，沒有比這個更美味的事情了吧。

為了享用內沼先生以原木栽培的香菇，每年有多達1萬人造訪內沼香菇園。可見環保又美味的香菇，受到許多人的愛戴。

P202上　負責人內沼秀夫和妻子幸惠。

P203　原木栽培的香菇。

P204、205　溫室培育的原木栽培香菇。

P207右　帶回家享用時會幫客人用紙袋裝。袋內會飄出美味的香氣。

P207左　負責人內沼先生DIY打造的店面。

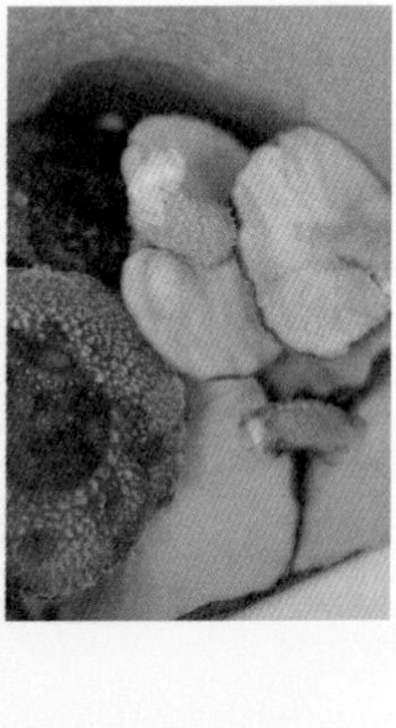

對蔬菜的堅持締結的緣分
地區的聯結創造活力

青梅市／蔬菜和花卉農家

「小學生在放學回家的路上，會跟我打招呼呢，叫說『吉野先生』這樣」。

吉野好男先生個性平易近人，其細心的說明也令人印象深刻。青梅市的中小學會在吉野先生的田地舉辦職場體驗與農業體驗，當作課程的一部分。因為吉野先生重視和地區的聯結，想將務農的快樂傳達給年輕的一代。2006年，他從廚師改行踏進農業。與生俱來的優良社交能力讓他和社區產生聯結，這也成了他投入作物栽培時的利器。

照片・文章：清水帆菜

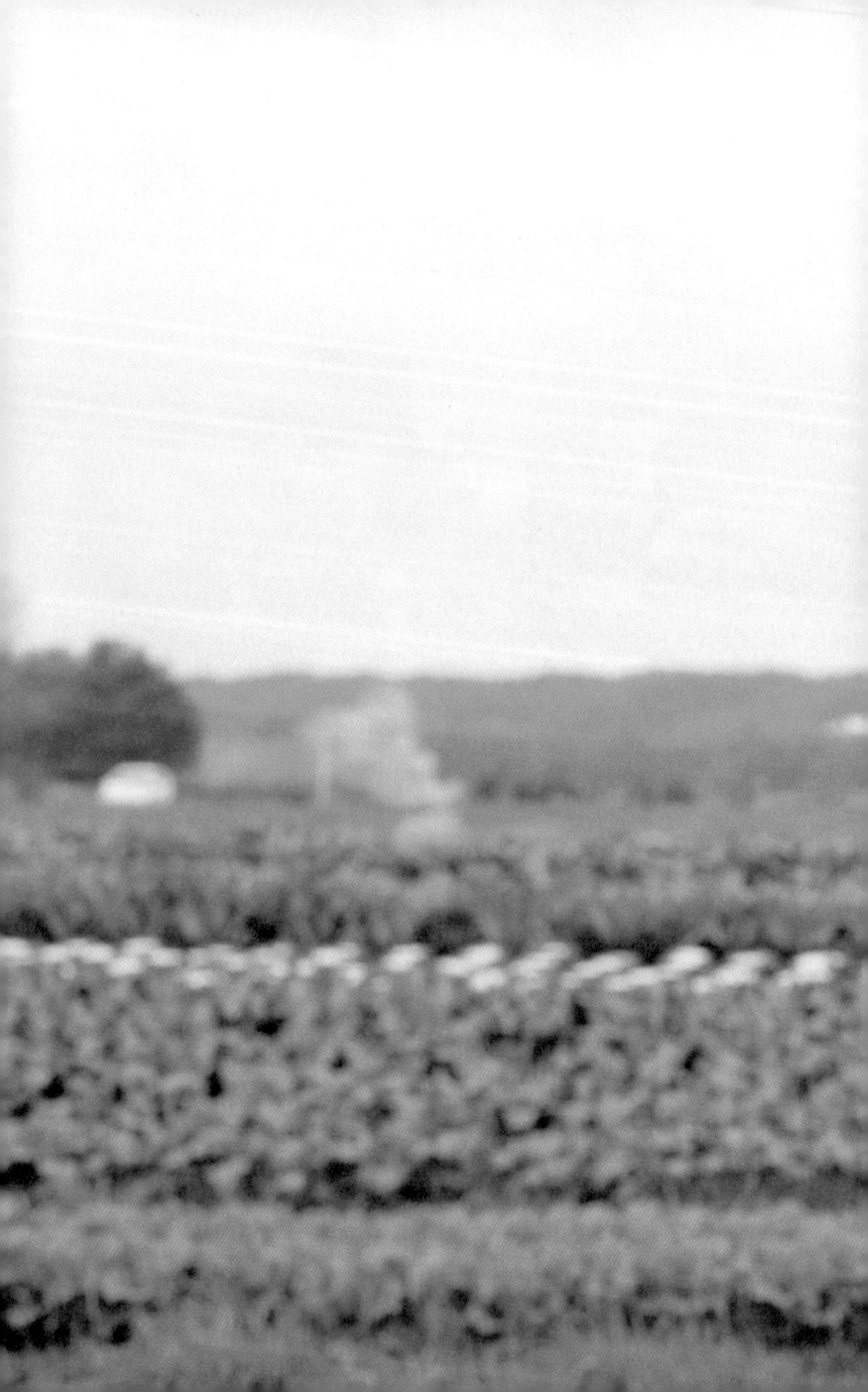

吉野先生栽種的作物會隨季節變化，有三色堇、春菊、蕪菁、寶塔花菜、甘藍、青花菜等，多個農田內栽種了各式各樣的花卉和蔬菜。

每種作物的用途很多元。例如青梅市的小曾木有個名為花木園的公園，常有親子到此遊玩，公園最具象徵的是「花卉文字」，而其中一部分的花卉就是使用吉野先生種植的甘藍。其他還有種在學校花壇的三色堇、批發到直銷中心的蔬菜等，作物會供應到青梅市內的各個角落。

要在不同的田地種植各種蔬菜，必須要明白蔬菜的特性和農地的地理條件。

「常有風吹過的農田要種較矮的根菜類，住宅區內的農田要用味道比較淡的堆肥等，一點小小的留意都會影響到栽種。」吉野先生訴說他所注重的細節。

他一直以來致力於有機栽培，種出的蔬菜也獲得眾人的信賴。東京都產業勞動局為了協助生產安心、安全農產品的都內務農人，開始施行「東京都環保農產品認證制度」。吉野先生的作物也取得了認證，所以輕卡車的門上貼著黃色的認證貼紙。

近年來為了增加東京的農業從業者，有部分的農藥基準被下調。但吉野先生依舊堅持用原本的方式養土而不用農藥。

面對不斷改變的天候和制度。或許臨機應變、有彈性地對應蔬菜和人，這樣的姿態才是栽種美味作物時最重要的要素吧。

P213右　栽種的作物會批發到JA西東京霞直銷中心。店內有許多當地人很熱鬧。
P213左　有巨大溜滑梯的花木園。吉野先生參與過公園的象徵——花卉文字的製作。

為了伊豆大島的農業發展
也為了自己的消遣

大島町／辻農園（百香果）

從港區竹芝搭郵輪約8小時，或搭噴射船約2小時，就會看見島中央有巨大三原山坐鎮的伊豆大島。

這裡是伊豆群島中最大的島嶼，但開車環島一圈花不到2個小時。

這座島是活火山的陸地部分，獲認為日本地質公園。在這裡可透過自然遺產和獨有的強風感受火山活動，以及自然的生態和嚴峻。

辻正義先生（77歲）經營的農園就位於這座伊豆大島的南方。

照片・文章：藤岡大輔

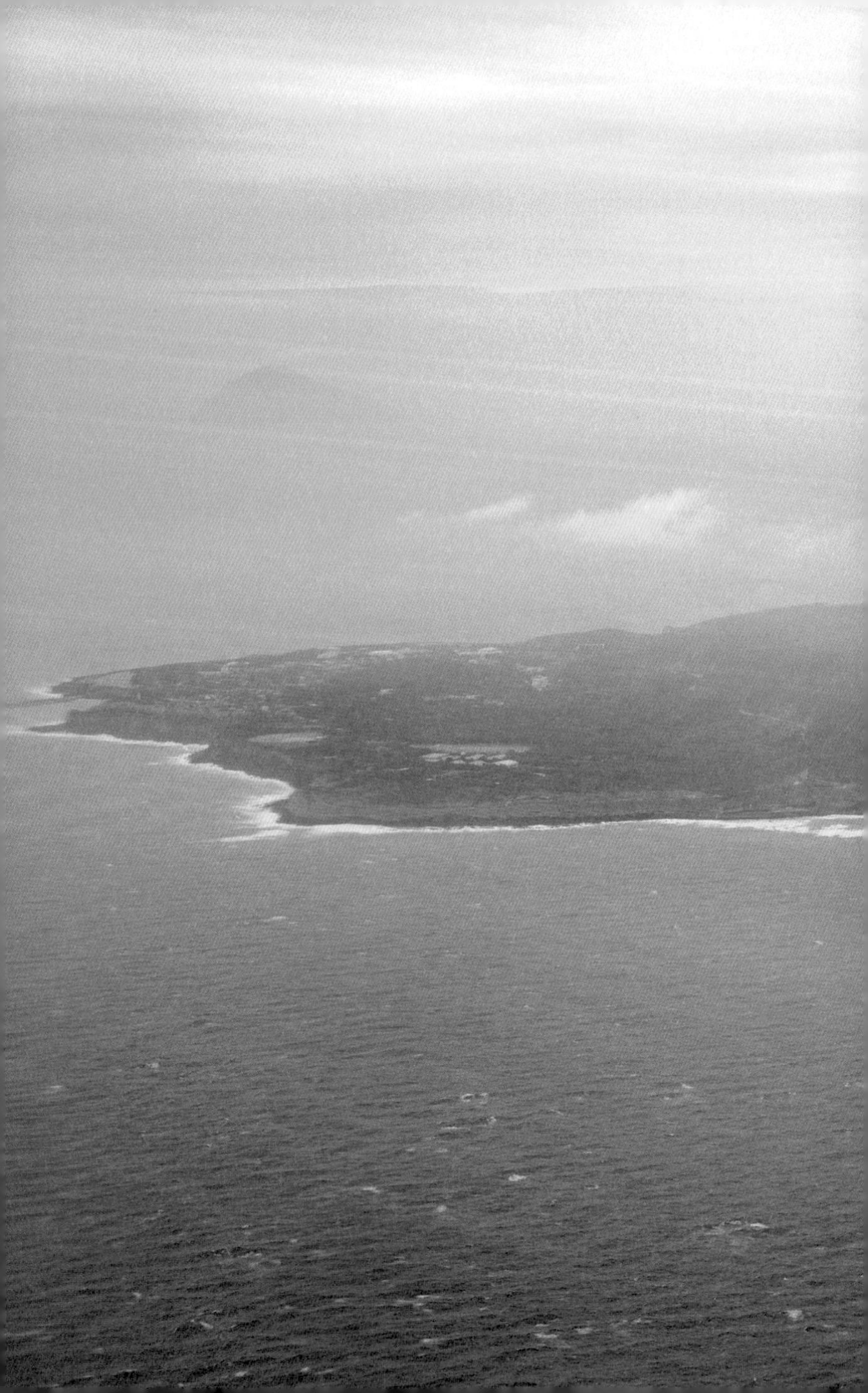

辻農園主要栽種花卉和葉菜，但3年前在東京都職員的推薦下，開始實驗性栽種百香果。

從第1年的一兩棵樹開始，到現在數量已經增加到2座溫室之多。

「現在種百香果是我最開心的事情吧，已經像是一種興趣了」。

現年77歲的辻先生，在昭和40年代的伊豆大島觀光潮時，開始參與觀光業。40多歲時離職，並自購土地開始務農。

剛開始有許多辛苦的地方，但他感受到農業趣味和快樂，所以才能持續至今。

開始種百香果之後，他又更加地感受到農業的樂趣和遇見新朋友的喜悅。

栽種時，辻先生改變肥料的品質，努力壓抑酸味，種出甜美好入口的品種。

「我覺得我們的百香果是大島上最好吃的。」他相當有自信地說。

目前他正在研究一年能收穫兩次的百香果，這在伊豆大島上還沒有人嘗試過。

跟沖繩等地不同，伊豆大島不是常夏之地，所以時期的掌控很困難，但辻先生正在反覆研究，希望能實現目標。

不僅如此他還有一個夢想，就是讓百香果在未來成為伊豆大島的產業，然後把利益回饋給當地。

辻先生帶有夢想的眼眸中，洋溢著一種百香果般的熱情。

P214上　栽種百香果的塑膠溫室。周圍用防風林阻隔伊豆大島的強風。
P215　生產者辻先生。
P216、217　環抱三原山的伊豆大島。
P219左　百香果會貼上伊豆舞孃的貼紙才出貨。

距離東京約150km 豐饒大地孕育的島嶼之寶

新島村／七福番薯

新島出生、原本是上班族的大沼剛先生（42歲），在後方有美麗山巒聳立的3500㎡土地上，每隔半年交互種植七福番薯和洋蔥。

又稱菊薯的七福番薯只會批發到新島島內和都內的東京都大田市場，也是東京都新島村多項特產品之一；不過七福番薯在其他土地不易栽種，日本除了愛媛縣新居濱市大島和新島有栽種之外，其他地方幾乎看不到，全日本的收成量也很少，是相當罕見的番薯。

照片・文章：波木井菜摘

あめりか芋焼酎
七福
嶋自慢
株式会社宮原

七福番薯表皮是略帶白色的淡黃色，形狀呈橢圓形，兩端稍尖。原本就有甜味，但收成儲藏數個月後，表面的顏色會逐漸變成茶色，甜度也會更上一層樓。

位於島內的株式會社宮原會釀造番薯酒。蔬菜種了5年的大沼先生會種植七福番薯，是因為「想要讓番薯酒的番薯是100%新島產」。現在每年會生產6000瓶原料100%新島產的燒酒「七福嶋自慢」。

新島的生活物資和食材基本上是仰賴東京的定期船運送。遇到颱風等狀況船無法入港時，超市的蔬菜區就會空無一物。有很多島民擁有家庭菜園，但產量只能少量分配給周邊居民。所以只要東京的船班重啟，島外運抵的蔬菜就會一個接一個售罄。

「有需求，量卻不夠。」大沼先生注意到這一點。種出能讓島民吃一年的蔬菜量就會成為商機。所以他決定標榜地產地銷，擴大農地規模生產蔬菜。

但大規模有不同於小規模的困難之處。農地變大之後，肥料和農藥量不是單純只要加倍就好。必須收集每次收成的資料，不斷摸索有效率的方法，同時每天和農田大眼瞪小眼好幾個小時。到蔬菜收成前會花上好幾個月，等到事後才後悔就太遲了，因為這關係到農家的生計。

「我不想讓新島的蔬菜消失。所以我每年會持續耕種取得資料，哪一天如果有年輕人自願想種菜，我會很高興的。夥伴增加的話就會有機會進軍東京市場，不過我想先讓島民和觀光客吃到可稱作新島特產品的蔬菜。」大沼先生語氣堅定地說。

P220上　大沼剛先生。
P220下　JA農協直銷所內的一角。
P224「七福嶋自慢」1800毫升3548日圓（含稅），720毫升1779日圓（含稅）。菊薯甜度滿溢的燒酒。

陽光下豆身透亮 日本唯一的原種「Hikari」

新島村／豌豆

前田忠德先生（75歲）從2013年開始種植新島的特產豌豆「Hikari（又稱光豆）」。Hikari是在昭和40年代突變而成。栽種過程中不會和其他品種配種，而是挑選好的豆莢取出種子，從5月開始乾燥並於隔年播種，種出來的豌豆會再重複上述的動作。包含前田先生在內的20多名農家每年都在做同樣的事情。花費大約10年歲月完成的，正是只有新島才有的貴重原種Hikari。豌豆11月中旬後會開始收成，到了2月～3月是最美味的時期。

照片・文章：波木井菜摘

正如農家人的命名，從樹葉長出的豆莢外觀閃閃發光是「Hikari」的特徵。這種豌豆因為怕疾病、豆莢小、不好栽種和收穫量少等理由，所以一直沒有市場，但高品質的「Hikari」過去曾經為新島品牌作物在市場流通。不過在昭和50年後的離島潮影響下，光靠產量低的「Hikari」無法獲利，所以栽種的農家逐漸減少。前田先生也是其中一人。最近幾十年唯一在守護「Hikari」的生產者已經在2013年過世。過去種100坪的「Hikari」也只會收穫1～2根。前田先生擔心大家花了10年好不容易培養出的原種會消失，所以在2年前請該農家把種子讓給他。於是他繼承了貴重的原種，現在種出的豌豆量只夠島內消費。除此之外，前田先生每年還栽種40種蔬菜。

種豌豆最重要的是篩選作業。過去在全盛時期，會在電燈下人工篩選白天採的豌豆。據說篩選作業從沒在晚上12點前結束過。雖然用篩選機可以判斷大小，不過豆粒的鼓起等必須一一確認，收成時也必須手工一個個摘取。因為有摘取和篩選這兩道工夫，所以豌豆是非常花時間的蔬菜。

「後繼無人的現在，希望能有人自願接手貴重的原種『Hikari』，然後把他品牌化。」前田先生說。他想保留大家費時多年創造出的原種，屆時有志之士就不需要從零開始。因為這樣的想法，現在前田先生在新島獨自一人守護著「Hikari」，而他種出的「Hikari」可以在新島的JA農協直銷所入手。

P228、229　豌豆的花。從11月開始會進入花期。
P231右　為了以均等的間隔播種，會用此道具在塑膠布上開洞。
P231左　支柱的零件，組裝後會插在田埂兩端以撐起網子。

了解江戶東京蔬菜

地產地銷蔚為風潮的現在，其中一樣受到矚目的就是傳統蔬菜。它們是味道和形狀已經固定的固定種（本地品種），會在各自的土地扎根。當植物在相同場所反覆生育下，基因隨之固定的品種就稱為固定種。反之為了得到優良的性質而和其他種類交配，創造出來的就是配種。由於大小和形狀均一會比較好處理，昭和40年代配種蔬菜成了主流。對農家來說，也有不怕害蟲、發芽和收成時期一致、收成量能增加的好處。相當適合大量消費、大量生產的時代。

不過現在是重視個性的時代，所以蔬菜的原創性受到考驗。「賀茂茄子」、「聖護院蘿蔔」、「九条蔥」等代表性的京都蔬菜，從以前就是知名的傳統蔬菜，而近年來東京的傳統蔬菜也開始受到矚目。

目前由江戶東京蔬菜推廣委員會決定、JA東京中

獲承認的40種江戶東京蔬菜

1 練馬蘿蔔
2 傳統大藏蘿蔔
3 龜戶蘿蔔
4 高倉蘿蔔
5 東光寺蘿蔔
6 志村美濃早生蘿蔔
7 汐入蘿蔔
8 品川蕪菁、瀧野川蕪菁
9 下山千歲白菜
10 金町小蕪菁
11 城南小松菜
12 後閑晚生小松菜
13 新鳥菜
14 青莖三河島菜
15 野良坊菜
16 奧多摩山葵
17 砂村三寸胡蘿蔔
18 馬込三寸胡蘿蔔
19 東京土當歸
20 內藤辣椒
21 寺島茄子
22 雜司谷茄子
23 高井戶半白小黃瓜
24 馬込半白小黃瓜

央會認可的蔬菜包含練馬蘿蔔、龜戶蘿蔔、金町小蕪菁、奧多摩山葵、東京土當歸、內藤辣椒、寺島茄子、雜司谷茄子、馬込半百小黃瓜、瀧野川牛蒡、谷中生薑、小松菜等共40種。

本書也介紹了幾位江戶東京蔬菜的生產者。接下來將介紹幾樣在書中出現過的江戶東京蔬菜。

25 本田瓜
26 小金井甜瓜
27 東京大越瓜
28 鳴子瓜、府中御用瓜
29 內藤南瓜、角筈南瓜、淀橋南瓜
30 瀧野川牛蒡
31 渡邊早生牛蒡
32 砂村一本蔥
33 拜島蔥
34 千住一本蔥
35 早稻田蘘荷
36 谷中生薑
37 竹筍
38 川口豌豆
39 三河島毛豆
40 足立擺盤綠葉

※其他非蔬菜的參考品項
41 金子麥芽
42 柳久保小麥
43 古里一號
44 平山陸稻
45 多摩川梨

【練馬蘿蔔】

用尾張蘿蔔和練馬當地的蘿蔔配種後，挑選和改良成的品種。據傳在享保年間，就已經定名為練馬蘿蔔。一般認為是在5代將軍德川綱吉的命令下開始栽種，在幕府御用市場中還曾獲指名為上繳蘿蔔。日俄戰爭後，因為需要大量的醃蘿蔔當保存糧食，所以開始大量生產，但長年的連作使得產量降低，昭和27年後曾一度停止栽種，直到最近才重新開始種植。

【龜戶蘿蔔】

文久年間至昭和初期曾在龜戶香取神社周邊栽種。曾有御龜蘿蔔、御多福蘿蔔等稱呼，在大正初期以產地龜戶命名。肉質細緻、雪白是其特徵。秋季到冬季播種，初春時收成。連同根葉一起暴醃會很可口。據說過去曾為點綴初春餐桌的蔬菜，非常受江戶人的喜愛（參閱P70）。

【東京土當歸】

野生土當歸的莖很柔軟，無法當木材或薪材使用。日文有句諺語叫「土當歸的大樹（うどの大木）」，比喻體型大卻派不上用場的人。正因為土當歸的莖很柔軟，所以能食用。它也是少數日本原產的蔬菜之一。栽種始於幕末吉祥寺，之後出現了遮蔽日光栽種的軟化栽培法，使得北多摩一帶成為土當歸的一大產地，因而遠近馳名（參閱P148）。

【內藤辣椒】

新宿御苑在江戶時代是高遠藩主內藤家的別墅。種植在這棟別墅內、曾享譽一時的就是辣椒。《新編武藏風土記稿》中也介紹到：「坊間稱此辣椒為內藤蕃椒」。當時一到收穫時期，新宿周邊到大久保一帶的農田都被染成鮮紅色。因為是可以保存的調味料，所以大受一般百姓的歡迎。辣椒的叫賣定型句為「現在要加進來的，是江戶內藤新宿的八房辣椒」（參閱P94）。

【寺島茄子】

別名為蔓細千成茄子。《新編武藏風土記稿》中對此茄子有以下記載：「生長得比其他茄子快，故形狀雖小卻有早世茄子之美稱」（參閱P28）。

【雜司谷茄子】

江戶時代，於雜司谷村的農田開始栽種。因為美味而獲得好評，曾與小黃瓜並駕齊驅，取得夏季蔬菜的重要地位。直到大正時代中期都非常受歡迎（參閱P58）。

【瀧野川牛蒡】

江戶元祿時期，在瀧野川村的鈴木源吾的改良下開始栽種。根的長度有80公分到100公分，是土深排水佳的這塊土地獨有的作物。日本國內栽種的牛蒡有9成以上都有這項品種的基因（參閱P112）。

【谷中生薑】

江戶時代的谷中因為有保水力高的肥沃土壤，所以適合栽種生薑。有品味的辣度和柔軟口感是其特徵。曾被當作日本中元節的贈禮，在江戶受到好評，而產地「谷中」也成了生薑的代名詞（參閱P118）。

【小松菜】

第8代將軍吉宗因狩鷹曾經造訪小松村。負責接待的龜戶香取神社的神主，用當地採集的青菜製成清湯款待。吉宗非常喜歡此清湯，因此賜予青菜「小松菜」之名。小松菜冬天也容易栽種，因為越冷越甜而漸漸受到歡迎，在小松村附近開始大量栽種（參閱P82、P88）。

【多摩川梨】

大正時代「長十郎」品種開始在全日本栽種。八王子、日野、立川、稻城、府中、調布、狛江等多摩川流域的水梨被稱為「多摩川梨」，其中以「稻城水梨」最有名（參閱P142）。

Photo-grapher's profile

麻良智史　Asara Satoshi
一邊在外資ＩＴ供應商工作，一邊在商學院上課之際，察覺自己的志向是創造一套能改變照片流通方式的系統，讓攝影師能用更輕鬆的方式，把美麗照片交給有需要的顧客。為了拓展照片的廣度，每天都在學習中。喜歡的領域是人物。
[封面照　70-75]

阿部 望　Abe Nozomi
１９８９年8月31日生，岩手縣人。高中時代開始對相機感興趣。大學畢業後從事過一陣子的ＬＩＶＥ攝影，後來想要更了解攝影因此前往東京。最近的攝影以人物為中心，有街拍和人像攝影等。
[8, 34-39, 58-63]

今村 晉久　Imamura Nobuhisa
[130-135]

岩田祐介　Iwata Yusuke
１９８０年生，靜岡縣駿東郡小山町人。從東京工藝大學畢業後，任職於PRADA。２００８年曾遠渡新加坡任職於美商ＩＴ企業6年。期間以新加坡的建設工地為題材拍攝作品。
[112-117, 118-123, 136-141]

岡村 篤　Atsushi Okamura
１９９０年8月於神奈川縣川崎市出生。從日本工業大學附屬高中（現駒場高中）畢業後，進入日本工業大學建築學科就讀。在學中曾拿著友人送的相機，獨自一人在日本的中國和四國地區旅行，而開始覺得攝影讓自己很開心，因此從大學退學，轉而到東京攝影學園就讀。現在以人像攝影為中心。
[202-207]

大野 雅弘　Ohno Masahiro
1953年於神戶市出生。從私立甲南高中畢業後，前往美國深造。讀書之餘也持續攝影，在奧勒岡州立大學專攻資訊工程，之後取得州立伊利諾大學MBA學位，並任職於外資企業。擅長的領域是人像和時尚攝影。
[64-69,　76-81]

大橋奈都紀　Ohashi Natsuki
土生土長的橫濱人。在托兒所工作4年後，進入東京攝影學園就讀。個性上雖然不服輸，但算是很溫和的人。非常喜歡小孩和女孩子。由於也想和初次見面的人很快地打成一片，因此很積極地去搭話。
[142-147]

栗原良介　Kurihara Ryosuke
生於橫濱市金澤區。大學畢業後，在公所工作的同時，一邊從事攝影活動。常常進行大膽的攝影旅行，曾以「日本全國各地」為主題，到池島礦坑、稚內、平戶島等不為人知的土地攝影。
[190-195]

劍持愛　Kenmochi Ai
1982年4月6日生。共立女子中學、共立女子高中、日本大學經濟系畢業。喜歡的事物：旅行、攝影、文具及紙張和其味道、寫字。今後的攝影活動：拍攝在旅行時遇到的人，並製作成人物攝影集。
[16-21]

澤口健　Sawaguchi Ken
長野縣須坂市出生。於加州州立大學北嶺分校Cinema & TV Arts科系取得學士。以孩童攝影為主。作品中有「滿溢的光輝」。以「增加孩童的笑容」為理念，致力於攝影等其他活動。
egaoken2525@gmail.com
[52-57, 82-87]

清水帆菜　Shimizu Hanna
1992年10月13日生，山梨縣人。迷上彩虹雨傘所拍下的照片，得到了攝影家Herbie Yamaguchi的獎項。座右銘是拍的照片要勝過肉眼所見，現在日夜埋首於攝影製作中。
[166-171, 208-213]

關谷三幸　Sekiya Miyuki
三重縣人，過去一直靠自學在攝影，之後感覺到自學的極限，因此進入東京攝影學園就讀。現在於名古屋市內經營出租攝影棚，同時在東京以婚紗和學校攝影為生，正在學習今後自己在攝影上的表現手法。
[40-45]

高橋利昌　Takahashi toshimasa
千葉縣船橋市人。開始攝影後，被千葉縣的豐富自然吸引，為了介紹這個地區，持續拍攝各種照片。就像同是千葉縣出身的偉人伊能忠敬，隨著年齡增長依舊抱持著向學心，並持續以照片呈現日本的自然和文化。
[46-51, 196-201]

Photo-grapher's profile

瀧 謙一　Taki Kenichi
茨城縣出生，在東京長大。大學畢業後從事ＩＴ相關業務，同時在攝影學校學習正統攝影家應有的基礎知識。現在以人物攝影為中心，從事ＮＰＯ相關的採訪攝影。
[154-159, 160-165]

中野章一郎　Nakano Shoichiro
長崎縣平戶市人。從縣立北松農業高中畢業後來到東京。在網站製作企業工作5年後，現為自由業從事設計工作，也身兼攝影師從事活動，攝影以女性人像為主。
[22-27]

西谷剛生　Nishitani Goki
1986年東京都生。攝影師父親的影響和在旅行中拍攝的照片，成為踏上攝影之路的契機。腦中抱持攝影是記錄僅有一次的場景，所以要捕捉瞬間的想法，勤奮從事攝影活動。
[88-93]

波木井菜摘　Hakii Natsumi
生於愛知縣岡崎市。岡崎北高中、大學畢業後，進入綜合商社任職。在管理部門和業務的機械部門當了4年的ＯＬ後，因為結婚來到東京。喜歡亮色調的自然光攝影。正在追求單靠手上的一台相機就能讓自己滿意的拍攝作品。
[220-225, 226-231]

早川直幹　Hayakawa Naoki
新潟南高中、新潟大學畢業。非常喜歡吃辣，出外總是帶著辣椒。雖然有人說辣味是一種痛覺，但還是會不自覺地吃太多。這算是一種被虐狂吧。而總是同進同出的太太則是虐待狂（佐渡人）。
[94-99]

羽山慎一　Hayama Shinichi
櫪木縣櫪木市人。希望能以相關人員的身分拉近和某偶像團體的關係，於是立志成為攝影師。中上的外表，加上攝影時會愛上被攝體的純真個性，是受美少女們歡迎的人氣攝影師。
[178-183]

比嘉良枝　Higa Yoshie

1980年出生，沖繩縣讀谷村人。主要以人物攝影為主。原汁原味的美麗和感動就在那裡——抱著這樣的想法，說什麼都想用照片留下的欲望，驅動手指按下快門。

[7, 148-153]

藤岡大輔　Fujioka Daisuke

短片攝影師。以助手的身分協助瀧木幹也、石田東、松永高寬等攝影師拍攝短片。2012年自立門戶，以PV、LIVE攝影為中心活動中。

[214-219]

松尾和典　Matsuo Kazunori

大學畢業後，到法國雷恩留學。

每當接觸到異文化，就會重新審視日本文化，然後記錄在照片中。為了介紹日本文化，會在臉書公開用日法英三語註解作品。Facebook.com/kazumatsuophotography

[124-129]

松田繪里　Matsuda Eri

1980年埼玉縣出生。東京家政大學畢業。目前以膠捲相機探索黑白世界的照片呈現方式。喜好暗房工作。

[1, 9, 100-105, 106-111]

矢澤 剛　Yazawa Takeshi

1972年生，橫濱市人。因為參與相片印表機的開發，而立志成為可操縱光源並將日本魅力發揮到極致的攝影師。最近幾年背著帳篷前往北阿爾卑斯山脈，企圖捕捉山被晨曦染紅的美景。

[6, 172-177]

山崎紘史　Yamazaki Hirofumi

1985年生。從事設計活動的同時，透過在高中時代接觸的滑雪板運動，拍攝滑雪板、溜冰、無煞自行車等街頭文化。主要作品有《TOKYO Piste》。

[184-189]

山田洋輔　Yamada Yosuke

北海道苫小牧市人。因為就業來到東京，在通訊公司擔任系統工程師。因為老家是印刷公司，一直把過去常接觸的攝影當成興趣，決定在老家工作後，開始認真學習攝影。今後會把攝影當成工作和興趣，以攝影師的身分持續活動。

[28-33]

【Beretta】
由「東京写真学園／写真の学校」的在校生和畢業生組成的攝影師團體。攝影集有《東京築地》、《東京職人》、《東京町工場》、《東京貧乏宇宙》、《東京百年老舗》、《東京x小說x写真》、《foregner's table》、《OBENTO WONDERLAND》、《115 Handmade Stories》、《LOVE YOU》、《We Love Photobook》、《フォトサプリ》系列等。

【東京写真学園／写真の学校】
基礎理念為「拍照真開心。如果能學到更多拍照技術會更開心」，2000年10月於東京澀谷開校。擁有大型無接縫攝影棚（三面）、實景攝影棚等培育專業人才的教材。以專業級的器材、攝影棚及人員進行紮實課程。專業攝影師課程以「教你專業攝影師絕對不想教的事」為主題授課。
http://www.photoschool.jp/

【人人趣旅行52】
東京農業人
作者／Beretta
翻譯／林信帆
校對／王姮婕
編輯／陳宣穎
發行人／周元白
排版製作／長城製版印刷股份有限公司
出版者／人人出版股份有限公司
地址／23145 新北市新店區寶橋路235巷6弄6號7樓
電話／（02）2918-3366（代表號）
傳真／（02）2914-0000
網址／http://www.jjp.com.tw
郵政劃撥帳號／16402311 人人出版股份有限公司
製版印刷／長城製版印刷股份有限公司
電話／（02）2918-3366（代表號）
經銷商／聯合發行股份有限公司
電話／（02）2917-8022
第一版第一刷／2017年03月
定價／新台幣320元

國家圖書館出版品預行編目資料

東京農業人 / Beretta 作 ； 林信帆翻譯. --
第一版. -- 新北市：人人, 2017.03
面 ； 公分. --（人人趣旅行 ; 52）
ISBN 978-986-461-090-7（平裝）
1.農業經營 2.日本東京都

431.2　　105024929

JMJ